中国农村能源生态建设
实践与探索

王久臣 方 放 王 飞 主编

U0294138

中国农业出版社

编 写 人 员

主　编　王久臣　方　放　王　飞
副主编　宝　哲　李　想　孙仁华　石祖梁
编　者（按姓名笔画排序）
　　　　　　王　飞　王久臣　王红彦　王瑞波
　　　　　　方　放　石祖梁　冯志国　毕于运
　　　　　　朱　强　孙仁华　李　想　李吉进
　　　　　　李钰飞　李惠斌　邹国元　张　扬
　　　　　　张国强　陈　杰　宝　哲　袁艳文

前 言 QIANYAN

　　我国农村能源建设工作起步于20世纪70年代，主要解决农村地区严重的能源短缺问题，以沼气建设为主，同时将农村沼气与农业生产技术相结合，形成了以南方"猪沼果"和北方"四位一体"为代表的农村户用沼气发展模式。到2000年年底，全国已有农村户用沼气池980万户。2001年以来，以农村沼气为主的农村能源建设快速推进，投资力度也在不断加大，到2006年年底，全国户用沼气累计达到2 200万户，年生产沼气约85亿米^3；建成养殖场大中型沼气工程5 278处，年可处理畜禽粪便等废弃物4 000多万吨，年产沼气1.7亿米^3。农村能源建设成效显著，对于缓解农村能源紧张，保护农村生态环境，提高农民收入和生活质量发挥了重要作用。

　　近年来，现代农业加快推进，农业资源过度开发和生态环境问题等日益凸显，农村能源建设重心也逐步转移到农业生态环境保护上，工作重点从增加能源供应总量转为优化能源结构和加强生态建设上。特别是随着农村改革不断深入，农村土地制度改革持续推进，发展了多种形式的适度规模经营，家庭农场、农民合作社、农业产业化龙头企业等新型农业经营主体逐步成为现代农业建设的生力军。这些新形势都在实践中和理论上给我们今后如何推进农村能源生态建设提出了许多新的课题。新时期，农村能源生态建设要做好"三个结合"，与农业结构调整和产业优化布局结合起来，与新型生产经营方式结合起来，与生态循环农业发展和生态文明建设结合起来。各地也在实践中不断探索，积累了许多宝贵的经验和典型，值得我们研究总结。

　　本书在文献调研和实际案例调查与研究基础上，较为全面和系统地总结了现有中国农村能源生态的经验和模式。全书共有七章，第一章对我国目前农村能源生态建设的几种模式进行了简要的概述；第二章重点介绍我国农户庭院型能源生态建设情况；第三章重点介绍家庭农场型能源生态建设情况；第四章重点介绍产业园区型能源生态建设情况；第五章主要介绍农村社区型能源生态建设情况；第六章重点介绍城郊集约型能源生态建设情况；第七章重点介绍区域集约型农村能源生态建设情况。

　　在本书编写过程中，中国农业科学院农业区划与资源保护研究所、北京市农林科学院、河北省农村能源办公室、河南省农村能源环境保护总站、内蒙古自治区农村生态能源环保站、湖北省农村能源办公室等单位给予了大力支持。农业部农业生态与资源保护总站组织专家，对书稿的结构和文字等进行了审核、校定。欢迎广大读者、专家，尤其是长期工作在农村能源生态建设和管理岗位的同志们批评指正。

目 录 MULU

第一章

我国农村能源生态建设概述

新中国成立以来，特别是改革开放 30 多年来，我国农业发展取得了举世瞩目的巨大成就。粮食产量创记录地实现"十二连增"，各主要农产品产量稳定增长，农村基础设施逐步改善，农业物质技术装备水平快速提高。但在取得巨大成就的同时也付出了巨大的资源环境代价，农业资源长期透支、过度开发，复种指数高、四海无闲田，资源利用的弦绷得越来越紧。农村生态环境破坏，局部耕地污染形势不容乐观，农业生态系统退化，生态环境的承载能力越来越接近极限。因此，面对资源条件与生态环境的双重"紧箍咒"，迫切需要转变农业发展方式，加强农业生态环境保护与治理，促进农业可持续发展。我国农村能源建设工作起步于 20 世纪 70 年代，主要解决农村地区严重的能源短缺问题。近年来，随着资源和环境问题的凸显，农村能源建设重心也逐步转移到生态环境保护上，工作重点从增加能源供应总量转为优化能源结构和加强生态建设上。我国长期以来在农村能源建设上积累的实践经验和成效，对于农业资源高效利用、生态环境保护与治理、推进农业绿色发展发挥了至关重要的作用。

党的十八大提出了"五位一体"的总体战略布局，把生态文明建设融入经济、政治、文化、社会建设各方面和全过程。2015 年 4 月，中共中央、国务院印发了《关于加快推进生态文明建设的意见》，这是中央第一次专门就生态文明建设做出全面部署，在发展绿色产业和循环经济重点任务中对加强农村能源生态建设提出了具体要求。2015 年年初出台的《关于加快转变农业发展方式的意见》《全国农业可持续发展规划（2015—2030 年）》和《农业部关于打好农业面源污染防治攻坚战的实施意见》，都对农村能源生态建设进行了明确部署，强调加强农业生态保护工作。新时期的农村能源生态建设要适应农业农村发展的新常态，着力转变发展方式，坚持走产出高效、产品安全、资源节约、环境友好的现代农业发展道路。注重发展新型经营主体，从家庭农场、产业园区、城郊集约的不同规模尺度上，推广使用环境友好型、资源节约型的技术和政策，不断加强农村能源生态建设。在更大尺度上，以区域资源优势为导向，以特色农产品和主导产业为中心，实现一二三产业融合发展，实施区域集约型农村能源生态建设，推动区域农业循环经济发展。

本书中关于我国农村能源生态建设主要涵盖农户庭院型、家庭农场型、产业园区型、农村社区型、城郊集约型和区域集约型农村能源生态建设六种类型。

（一）农户庭院型能源生态建设

农户为农村最基本的组成单元，开展农户庭院型能源生态建设对农村生态环境治理具有重要意义。农户庭院型能源生态建设是依据生态学原理，以沼气建设、生物质及其他能源资源节约与综合利用为纽带，以一个农户庭院为单元，将畜牧业、种植业、林果业等进行科学、合理地配置，将生产、生活有机融合，通过优化资源利用结构，使每一个建设单元内做到能量多级利用、物质良性循环，达到优质、高效、低耗、经济的目的，从而形成"农户—沼气发酵（其他能源资源节约与综合利用）—生态庭院经济"的良性发展链条，为广大农民群众开辟了一条节支、增产、增收的有效途径，以实现乡村生产与生活的可持续发展。

（二）家庭农场型能源生态建设

家庭农场是由家庭经营的、对土地有较充分的使用或占有权、能够自主经营，并具有一定规模的农业生产组织。家庭农场型能源生态建设是根据生态学的理论，充分利用自然条件，在某一特定区域内建立起来的农业生产体系。在这个系统内，因地制宜合理安排农业生产布局和产品结构，投入最少的资源和能源，取得尽可能多的产品，保持生态的相对平衡，实现生产全面协调的发展。与普通农业生产系统相比，家庭农场型能源生态建设主要是通过能源利用和经济效益的综合规划来提高生产率，从而避免了对自然资源的过度消耗和对生态平衡的破坏。

（三）产业园区型能源生态建设

农业产业园区建设主要包括政府引导、龙头企业带动、科研院校带动、校（院）地合作四种建设模式。产业园区型能源生态建设是指在可持续发展的背景下，以资源的高效利用和循环再利用为核心，以"减量化、再利用、资源化"为原则，以低消耗、低排放、高效率为基本特征，将产业园区内种植、养殖、加工等产业环节的有机废弃物加以能源化利用，以实现产业园区废弃物无害化、清洁化、减量化。产业园区可利用的新能源一般包括生物质能、太阳能、风能等，可再生能源的利用技术一般包括生物质沼气能利用技术、太阳能利用技术等。

（四）农村社区型能源生态建设

通过多年实践，农村社区建设主要形成了城镇开发建设带动、产城联动、中心村建设三种模式。农村社区型能源生态建设主要包括：发展农村生物燃气集中供气，推动农村生物质能源高效利用；强化生产节能，以村为单元推进农机、渔船和畜禽养殖节能；巩固生活节能，加快省柴节煤炉灶炕升级换代；开发可再生能源，发展太阳能、风能利用；加大废弃物资源化利用力度，推进秸秆、人畜粪便、生活垃圾等废弃物循环利用，大力发展生态农业、循环农业，建设美丽农村社区。

（五）城郊集约型能源生态建设

城郊集约型能源生态建设主要包括城郊集约型庭院能源生态建设、城郊集约型基塘能源生态建设、城郊集约型日光能源生态建设和城郊集约农林果复合生态建设。城郊庭院能源生态建设是综合应用生物学、生态学、农业科学，针对庭院生态系统的特点而形成的多层次物质能量利用的生态工程技术，体现集约性、经营性、立体综合性的特性。城郊集约型基塘能源生态建设是指在以水面为主的低洼的湿地水网地区建立的一种水陆结合的高效的物质和能量转化系统。我国南方水网地区多采取这种建设模式，构建了桑基—鱼塘、草基—鱼塘、桑—蚕—猪—鱼等多种多样基塘物质能源循环生态建设模式。城郊集约型日光能源生态建设是指在城市郊区依托集约化塑料大棚、太阳能热水系统、太阳灶等载体，充分利用太阳能，将其转化为农业生态系统中所需的电能、热能、生物质能等其他形式能量，从而减少人为化学能投入的一种资源节约、环境友好型的生态建设模式。城郊集约农林果复合生态建设，采用农林复合生态建设技术，或生态果园建设技术，科学布局，使种植与养殖合理组合，有机联合，发挥最大的生态和经济价值。

（六）区域集约型农村能源生态建设

区域集约型农村能源生态模式从循环经济的角度，依据区域布局优化与分工优化的原则，通过建立健全区域生态融合机制与产业共生机制，实现全区域社会经济增长与生态保护的动态均衡。根据分工原则，以区域资源优势为导向，以特色农产品和主导产业为中心，融合一二三产业协同发展，实施以发展农业循环经济为主的区域集约型农村能源生态模式。

第二章

农户庭院型能源生态建设

第一节　国内外发展概况

农户庭院型能源生态建设更加适合于工业化、城市化水平不高的地方，因此发展中国家更加注重此方面研究，发达国家则在这一领域涉足不多。

一、国内发展概况

我国的农户庭院能源生态建设始于 20 世纪的沼气开发建设，在解决替代能源、消除农村锅下愁的基础上，为适应我国人多、地少、农村居民居住分散的实际国情，以及家庭联产承包责任制为基础的农业经营管理基本制度，以农户家庭为基本单元，以能源技术为纽带，探索并推广的一类能源生态模式。

目前，国内在农户庭院能源生态建设方面已取得丰硕成果。一是模式日益完善。以户用沼气或沼气净化池为关键技术，组合相关的农业技术，形成了南方"猪沼果（粮、菜、鱼）"模式、北方"四位一体"模式、西北"五配套"模式；以生物质资源节约与综合利用为关键技术，组合形成了节能与资源综合利用模式。二是技术标准日益完备。不仅颁布和实施了户用沼气、省柴节煤灶（炕）、太阳能热利用等各种单项的技术标准，而且制定并实施了南方"猪沼果"生态模式、北方"四位一体"能源生态模式建设标准，为规范化推广农户庭院生态能源模式起到了很好的指导作用。三是效益水平不断提升。随着能源生态建设各种单项技术的不断进步，电子点火灶、沼气热水器、沼渣沼液抽排设备、高效低排生物质炉、太阳能光伏发电设备等快速升级换代，厌氧发酵和节能工艺日趋先进，能源转换效率和资源利用效率逐步提高，模式应用的效益也随之提升。

二、国外发展概况

（一）主要发达国家

欧洲、美国、日本等主要发达国家和地区已经实现了工业化，其农业生产也实现了现代化，生物质、太阳能、风能等可再生能源的开发利用完全按照工业化、市场化的方式进行，以家庭为单元的庭院型能源生态建设已经被家庭农场型能源生态建设所取代。

（二）亚洲相关国家

印度是继中国之后户用沼气数量最多的国家。印度农村沼气技术的研究和开发起始于 20 世纪 60 年代，甘地乡村工业委员会是印度沼气技术研发的主要机构。1981 年印度开始在第六个五年计划中实施全国沼气发展计划，提供财政资金推动农村沼气的推广。到 2005 年年底，印度已经建成 380 万口户用沼气池。近年的建池速度为每年约 20 万口。目前，印度沼气发展的主管部门是国家非常规能源部。2004—2005 年财政年度，印度非常规能源部地方办公室抽查了 3 850 口在近 3 年建造的户用沼气池，有 93% 在正常使用，而整个印度正常使用的沼气池比例约为 60%。印度推广农村户用沼气池有很好的自然条件，一方面是因为当地自然温度较高；另一方面是印度拥有世界上最多的牛饲养量，约 2.6 亿头，有 40% 的农户拥有超过 4 头以上的牛。印度的户用沼气池发展潜力在 1 200 万口以上。

同为发展中国家的越南、尼泊尔、孟加拉国、柬埔寨、老挝、斯里兰卡、菲律宾和巴基斯坦等亚洲国家，也在联合国、部分发达国家的支持下，尝试开发以沼气为纽带的庭院型能源生态建设，其中较为成功的有越南、菲律宾、尼泊尔等。

越南气候炎热，个体养殖业发达，发展沼气的市场潜力非常大，据估计，该国有发展 200 万口户用沼气池的市场潜力。农民和当地政府都希望通过发展沼气来减轻农村环境污染程度，同时解决替代农村能源，沼液可以改善土壤的肥效。越南拥有一批受过良好教育的农民，这些人接收新知识很快，有利于该国推广应用沼气技术。在 2003 年之前，越南实践了多种沼气池型，包括水压式、浮罩式和塑料袋沼气池，先后建成约 2 万口户用沼气池，经历了较长时间的探索阶段。真正有步骤地推广户用沼气池是从 2003 年开始。越南被选做荷兰发展组织（SNV）在亚洲的第二个援助沼气项目的国家，两国全面进行沼气推广项目合作，将越南的沼气设计、施工技术与 SNV 大规模推广沼气的经验结合。一期项目，在越南 64 个省份中的 12 个省份推广户用沼气技术，已完成建设 1.8 万口户用沼气池。第二期项目在第一期项目成功经验的基础上，从 12 个省份推广到 58 个省份，建设 18 万口户用沼气池；该项目总投资 4 480 万欧元，其中荷兰政府投资 310 万欧元，SNV 投资 60 万欧元。

尼泊尔早在 20 世纪 70 年代就分别从中国和印度引入沼气技术，但真正的规模化推广应用起始于荷兰援助尼泊尔沼气项目（BSP）。BSP 项目从 1992 年开始实施，已经完成了前四期项目，一共建成 14 万口户用沼气池，其中在尼泊尔 2004—2005 年财政年度中，建成了 17 803 口沼气池，到 2009 年年底拥有约 11.75 万口池。通过荷兰 SNV 的长期帮助，目前尼泊尔全国有 62 家建筑企业、15 家沼气设备生产商和 140 家小型公司参与到农村沼气推广项目中，已初步建立起全国性的沼气推广和技术发展体系。尼泊尔户用沼气发展潜力在 190 万口以上，目前已经实现 7.25％，局部地区已达到 50％的份额。由于在尼泊尔和越南的成功，SNV 决定进一步促进亚洲沼气市场开发，新的援助计划中已经包括了孟加拉国、柬埔寨和老挝。

斯里兰卡、菲律宾和巴基斯坦等亚洲国家，农村应用沼气技术已经有很多年历史，有一定的技术基础，但是由于种种原因发展缓慢。20 世纪 90 年代，我国农业部沼气科学研究所曾派专家到菲律宾宿务岛传授沼气技术，据 2006 年曾访问中国的菲律宾圣卡洛斯大学的教授介绍，目前宿务岛上已经建成几百口户用沼气池。

从总体上可以看出，世界主要发达国家在能源生态开发领域的工艺技术方面领先于中国，但其应用方式已经脱离庭院型能源生态模式，走上了工业化、集约化、市场化发展之路；亚洲、非洲、拉丁美洲等发展中国家，则分别效仿了发达国家和中国的能源生态建设道路，尚未大范围、深层次超越中国或主要发达国家。

第二节　基本情况和特点

一、农户庭院型能源生态建设的基本情况

20 世纪 90 年代以来，我国各地根据地域资源条件的不同，通过农村能源战线广大工作者的努力，在农民的支持下，不断摸索，逐步形成了各种沼气生态农业模式，其中具有代表意义的是北方农村能源生态模式（即"四位一体"）和南方"猪沼果（菜、菇、鱼）"模式。这两大模式的形成和发展，使沼气建设跳出了单纯围绕能源建设的小圈子，将农民生活、居住环境、农业生产和生态紧密地联系在一起，在促使农民脱贫致富、农业生产结构调整和农业与农村经济的可持续发展等方面起到重要作用。

据不完全统计，我国农村沼气用户达到 4 300 多万户，其中户用沼气池 4 100 多万户，沼气集中供应用户为 200 多万户。农户庭院能源生态建设在社会、生态、经济方面取得了良好效益，推动了农村生产和农民生活方面的文明进步，已经深刻地影响和改变了部分乡村的生产生活状况。

首先，农户庭院能源生态建设改变了农村传统的生活方式，实现农村生活用能高效化、清洁化。农民用上沼气后，免除了上山砍柴之劳，日常炊事也不用受烟熏火燎之苦，降低了劳动强度。同时，高效、清洁能源的使用，使农民

从传统的生活方式向健康、文明、卫生的生活方式转变，有利于农村小城镇建设。

其次，农户庭院能源生态建设优化了农村生活环境质量，提高了农民健康水平。人畜粪便、生活污水等直接流入沼气池作为发酵原料，可以改变农村粪便、垃圾任意堆放的状况，解决农村生活环境脏、乱、差的问题；而且可以防止蚊蝇的滋生，减少有害病菌的传播途径，净化环境；同时，使废弃物达到无害化，避免对地下水源造成污染。

最后，农户庭院能源生态建设改善了农民精神风貌。庭院型能源生态技术打破了束缚生产力发展的旧的生产模式，安排了大量农村剩余劳动力，提高了劳动生产率。广大农民通过庭院型能源生态模式技术的培训、学习和实践，学到了先进的农业生产、管理技术，提高了学科学、用科学的热情，致富意识增强，支付能力得到提高，有助于农民克服旧的不良习惯，改善精神面貌，从而促进农村社会的安定团结和社会主义精神文明建设。

二、农户庭院型能源生态建设的特点

我国农户庭院型能源生态建设具有显著的整体性、目的性、相关性、层次性、环境适应性，较好地契合了系统工程学的原理。

1. 整体性　系统工程学中的整体性，即一个系统由多个要素组成，所有要素的集合构成一个有机整体，缺一不可。以庭院生态农业的典型形式——"四位一体"为例，该模式以土地资源为基础，以太阳能为动力，以沼气为纽带，种植业和养殖业相结合，通过生物智能转化技术，将沼气池、猪禽舍、厕所和日光温室等组建在一起，所以被称为"四位一体"模式。上述每个要素都是组成该模式不可或缺的一部分，所构成的模式的整体效应又大于各部分分别发生作用时的效果，体现了该模式的整体性。

2. 目的性　所谓目的性，指系统的发生和发展有着强烈的目的性，它是系统的主导，决定着系统要素的组成和结构。发展庭院生态农业，是要在增加农民收入的同时改善农村人居生活环境，进而起到促进农村发展和保护农村生态环境的作用。因此，无论从其发展策略的制定还是推广机制上，都要与发展庭院生态农业的目的相对应，由目的决定组成和结构。

3. 相关性　庭院生态农业中的土地、太阳能、沼气、植物、畜禽、温室及厕所等要素之间相关，这种相关性从价值流、物质流、能量流等方面决定了整个系统的机制是一种集种植、养殖、加工、商贸为一体的高效集约化的生产经营活动。

4. 层次性　庭院生态农业的层次性体现在庭院生态农业是一个由诸多因素构成的系统，但其同时被包含在中国生态农业这一系统内，中国生态农业又是世界生态农业系统的子系统。据统计，目前在世界上实行生态管理的农业用地约 15 825 万亩*，中国约 60 000 亩，占世界生态农业用地面积的比例微乎其微。从我国内部的实际情况来看，中国农村庭院占地在 6 000 万亩，庭院占地中可供开发利用的庭院空隙地有 3 000 万亩，若能有效地发展庭院生态农业，既可以增加我国生态农业用地的比重，也可以为社会创造巨大的财富。

5. 环境适应性 庭院生态农业是实现农业可持续发展的重要组成部分，其必然要具有环境适应性这一特点。即庭院生态农业系统要与环境相互作用、相互影响，进行物质、能量、信息交换，以适应环境变化。

第三节 主要建设内容与技术要求

一、农户庭院型能源生态建设所需的主要单项技术

(一) 户用沼气池

1. 沼气池结构与池型选择 随着沼气科学技术的发展和农村家用沼气的推广，根据各地使用要求和气温、地质等条件，家用沼气池多种多样，但基本是由水压式沼气池、浮罩式沼气池、半塑式沼气池和罐式沼气池四种基本类型变化形成的。目前，与"一池三改"（沼气池的建造与改圈、改厕、改厨同步进行）配套的沼气池一般为水压式沼气池。

农村户用沼气池类型虽多，但在结构组成上基本相同，都有进料口、进料管、发酵间、储气部分、出料管、水压间、活动盖、导气管、溢液口和安全盖板等几部分。

2. 规划设计与施工建造 修建沼气池不同于修建民用住房，有一些特殊要求。所以国家专门发布了有关户用沼气池技术标准十多项，以保证沼气池的建造质量。如果建池质量不符合要求，会使沼气池漏水、漏气，不能正常工作，则需要进行检查，进行修补，费时费力。总结多年来科学试验和生产实践的经验，设计与模式配套的沼气池必须坚持"一池三改"的原则；坚持按国家标准建池的原则；坚持因地制宜，分户设计的原则。

(1) 沼气池容积的计算 沼气池容积的大小（一般指有效容积，即主池的净容积），应根据每日发酵原料的品种、数量、用气量和产气率来确定，同时要考虑到沼肥的用量及用途。在农村，按每人每天平均用气量 0.3～0.4 米³，一个 4 人的家庭，每天煮饭、点灯需用沼气 1.5 米³ 左右。

(2) 沼气池的施工步骤 包括：①查看地形、确定沼气池修建的位置；②拟定施工方案，绘制施工图纸；③准备建池材料；④放线；⑤挖土方；⑥支

---

* 亩为非法定计量单位，1 亩≈667 米²。——编者注

模（内模）；⑦混凝土浇捣或预制混凝土大板组装；⑧养护；⑨拆模；⑩回填土；⑪密封层施工；⑫试压（检漏）；⑬输配气管件、灯、灶具安装。

（3）池基的选择 池基应该选择在土质坚实、地下水位较低，土层底部没有地道、地窖、渗井、泉眼、虚土等隐患之处；池子与树木、竹林或池塘要有一定距离，以免树根、竹根扎入池内或池塘涨水时影响池体，造成池子漏水漏气；干旱地区还应考虑池子离水源和用户都要近，并且尽可能选择背风向阳处建池。

（4）管路的安装 安装输气管和沼气灶、灯按顺序连接。管道长度控制在20～25米。若沼气池距住房较远，输气管内径需扩大，室外要用硬管埋于地下。

（5）修建"三结合"沼气池的益处 沼气池、猪圈、厕所三者修在一起，是农民在实践中积累的一项重要经验。它的主要优点是：①人、畜粪便能自动流入池内密闭发酵，节省输送粪入池的劳动力，有利于把人、畜粪便有效地管理起来；②每天都有新鲜发酵原料入池，有利于提高产气率；③这种沼气池宜建在棚内或住房附近，管理方便，输气管道的距离较短，压力均衡，使用效率高；④有利于在冬季保持池温。

3. 沼气池质量检验 为了确保建池质量和使用后正常产气，沼气池建成后，投料前，必须严格按国家标准《户用沼气池质量检查验收规范》（GB/T 4751—2002）进行质量检验。

（二）生活污水净化沼气池

由于缺乏生活污水处理设施，在很多农村地区，生活污水都只经过简单化粪后直接排放。由于生活污水中含有大量的有机物质，直接排放到天然水系中的生活污水会使水体富营养化，致使病菌、微生物、藻类大量繁殖，严重时水体发黑发臭。污水严重影响生存环境，甚至威胁人们生命安全。因此，因地制宜地建设生活污水净化沼气池，是十分必要的。

1. 工作原理 农村沼气净化池是一个集水压式沼气池、厌氧滤器及兼性塘于一体的多极折流式消化系统，是一种分散式处理污水的装置。粪便污水、生活污水首先经过厌氧消化前处理，污水中的有机物质在各种微生物的作用下，经过液化、酸化、气化降解反应，使有机物质转化成甲烷和二氧化碳，在厌氧环境中杀灭病菌虫卵等好氧微生物。再经过过滤沉淀、有氧分解后处理，使生活污水中干物质含量、化学需氧量（COD）浓度、生化需氧量（BOD）浓度降低到排放规定值以下，一般要求达到国家Ⅱ类水标准，以供农作物肥水或观赏植物灌溉之用。

生活污水净化沼气池不是普通水压式沼气池的放大和组合，生活污水净化沼气池只在处理前期采用了水压式沼气池厌氧发酵，他们之间有很大的差别

（表1-1）。

表1-1　生活污水净化沼气池与普通沼气池的区别

对比项目	污水净化沼气池	普通水压式沼气池
目的	净化污水为主	制取沼气为主
工艺	复杂、多级	简单、单级
几何形状	条形、矩形、圆形	圆形
结构	钢筋混凝土	混凝土
容积	大	小
原料	粪水、生活污水	粪便、秸秆
发酵浓度	低	高
产气率	约0.05米³/（米³·天）	0.15~0.3米³/（米³·天）
滞留期	短（3天）	长（30天）
排放	清水	有机肥

2. 工艺流程　生活污水净化沼气池是集水压式沼气池、厌氧滤器、生物过滤沉淀、好氧处理多级消化系统于一体。净化处理工艺分合流型和分流型。

（1）合流型　厕所污水和其他洗涤生活污水没有分开经格栅去除粗大固体后同时流入沉砂池，进入厌氧消化Ⅰ池混合发酵，逐步向后流入厌氧消化Ⅱ池，上流经过厌氧过滤器，附着在生物床中的细菌将污水进一步厌氧消化，再流入生物过滤沉淀池中，悬浮物通过生物球、大碎石、小碎石、粗纱多层过滤，阻挡沉淀进一步兼性降解，过滤后的污水再流过好氧物充分曝气，最后流入市政排水管网或用于浇花、灌溉农作物等。

（2）分流型　分流型生活污水净化沼气池工艺与合流型相同，只是厕所粪水和其他洗涤生活污水分开进入，其他洗涤生活污水没有经过厌氧消化Ⅰ池，而是直接进入厌氧消化Ⅱ池。分流型延长了粪便在厌氧消化Ⅰ池中的滞留时间，处理效果好，厌氧发酵Ⅰ池浓度较高，沼气产气率高。粪水与其他洗涤生活污水能分开的地方应采取分流型工艺。

3. 净化效果　生活污水净化沼气池是将生活污水在源头就近就地将其处理。用这方法来处理生活污水投资少、资金分散、见效快，适用于相对集中居住的、无力集中修建污水处理厂的农村。该种沼气池无动力自流，不需要外加动力，管理方便。而且厌氧消化池2~3年才出渣清理一次，平常每半年用污泥出粪设备在生物过滤沉淀池抽一次沉渣。经过厌氧发酵、上流式污泥床、生物过滤、沉淀、曝气多级处理，通过厌氧、兼性、好氧多种条件改变，出水达到Ⅱ类水标准，即COD100毫克/升，BOD30毫克/升，水质中悬浮物（SS）

30 毫克/升、色度 40、pH6～9。生活污水净化沼气池可以有效改善居住条件，保护生态环境，美化村庄和民居，经处理后的污水可直接用于农田灌溉或排入江河水域中，减轻了水体富营养化，有利于保护水资源，与标准化粪池相比具有良好的环保效果（表 1－2）。

表 1－2　标准化粪池与净化沼气池处理效果比较

项　目	标准化粪池	净化沼气池
发酵方式	好氧与兼性发酵，以酸性阶段为主	厌氧发酵、兼性好氧
污泥减量效果	差	显著
SS 外溢	大量	无
BOD 降解率	约 20%	90% 以上
COD 降解率	约 20%	85% 以上
寄生虫卵死亡率	最多约 50%	95% 以上
蛔虫卵死亡率	<20%	95% 以上
粪大肠菌值	<10⁻⁵	10⁻⁴
蝇蛆	有	无
沼气	无	有能利用
臭气	有	无
装置渗漏	一般均有	不能有
色度	淡黄	清澈
池容	小	大
造价	较低	较高
正常清掏时间	一年数次	3 年或数年一次
使用年限	很短	基本长期

4. 工艺参数

（1）污水量一般按 100～180 升/（人·天）计算，厕所用水量按 20～30 升/（人·天），生活污水量 80～150 升/（人·天），生活污泥量取 0.7 升/（人·天），单纯粪便污泥量为 0.4 升/（人·天）。

（2）污水滞留期（HRT），合流式生活污水净化沼气池污水滞留期 3～5 天，分流式生活污水净化沼气池粪水厌氧消化Ⅰ池的污水滞留期 30 天，厌氧消化Ⅱ池污水滞留期为 3 天。

（3）使用人数按实际人数或者按每户 3 人计算。

（4）池容计算。总池容 $V=Q \cdot T \cdot N \cdot A$（米³）

　　其中，Q：用水量，升/（人·天）；

T：污水滞留期，天；

N：水使用人数；

A：综合系数，取 $1.20\sim1.45$。

例：20 户集中居住村落需要修建多大的生活污水净化沼气池。Q 按 50 升/（人·天），T 按 3 天，N 按 3 人/户，A 按 1.25，则 $V=50\times3\times60\times1.25=11.25$（米^3）。

（5）产气率按池容产气率 0.05 米^3/（米^3·天）计算，一般 30 米^3 生活污水净化沼气池的产气量可供 1 户使用。

（6）污泥清掏周期一般为发酵池 2 年清掏一次；生物过滤沉淀池每半年抽一次；沉砂池浮渣沉砂每半年清掏一次。

5. 结构参数　生活污水净化沼气池的几何结构大致呈条型、矩形、圆形三种，各种工程可根据场地和地形情况选择不同的排列方式。为了施工方便和有效地收集沼气，建议将厌氧消化池设计为圆形池。由于好氧沟很长，根据地形可以设计成一字形、T 形、¬ 形等。其结构要求如下：

（1）净化池正常使用年限为 50 年。

（2）钢筋混凝土结构安全等级 Ⅱ 级，砖石结构 Ⅲ 级。

（3）地面均匀分布荷载标准值 4.5 千帕。

（4）沼气气压荷载标准值 ≤ 大气压强。

（5）地下构筑物混凝土强度等级不应低于 C25 级，钢筋采用 Ⅰ、Ⅱ 级。

（6）结构中，砖采用 MU10 级以上烧结普通砖。

（7）砌筑水泥砂浆不低于 M10 级。

（8）密封材料净化池要求使用密封剂和防腐材料。

（9）地基承载力 ≥ 120 千帕。

（10）地下水位在地面以下 0.70 米。

（11）净化池 24 小时漏损率 ≤ 损率。

（12）净化池地面覆土应 ≥ 250 毫米。

6. 生活污水净化沼气施工要点

（1）在选址时要与主建筑物保持一定距离，应大于 5 米。摸清地下管线的分布情况，是否有地下构筑物体。确定净化沼气池进出口与建筑排水管和市政排水管网标高，确保经处理后的污水通畅地排入市政污水管网，标高出错将导致整个排水系统瘫痪。

（2）开挖前问清或打孔了解地质状况，污水净化沼气池在开挖时由于是长形，而且开挖较深很容易塌方，开口要大，下挖应保持一定坡度，在开挖结束前将施工材料准备好，抓紧时间浇筑池底和池墙主体建筑物，避免塌方造成经济损失和人身伤害。

（3）土方开挖完成后，复核深度、长宽尺寸，经人工清基夯实找平。池底设计成平板形，考虑池底整体结构强度，方便配钢筋，钢筋粗细、混凝土的强度、混凝土厚度、垫层厚度都要保证。

（4）池墙施工外模可利用原状土，内模可用砖模或木模。原状土不能成形的池子需内外装模，也可采用砖砌筑。

（5）池拱最好采用砖模，由于池拱跨度较大，砖模砌池拱时池墙上圈梁应达到一定强度。

（6）进料口高度应在沉砂池的中部。进料口高度过低泥砂容易进入主池，过高浮渣容易进入主池，应定期清理沉砂和浮渣。

（7）生物床采用420 PVC管做骨架，骨架竖直布置软填料，在墙体上要加以固定，防止水力将其移位变形。

（8）生物过滤沉淀池的抽渣管直径不能小于200毫米，否则无法下放自吸式污泥泵。水泥隔板中留有小孔，板与板之间留有间隙，生物球为专用污水净化塑料球，按生物球、大碎石、小碎石、粗砂从下至上放置。

（9）好氧沟长度不能太短，否则会影响出水净化效果。所有盖板厚度应大于150毫米，保证车辆在上面经过不至于被压坏。

（三）太阳能热水器

太阳能热水器通常由集热器、绝热贮水箱、连接管道、支架和控制系统组成。太阳能热水器可细分为全玻璃管式、平板式等。目前，我国户用太阳能热水器以全玻璃真空管太阳能热水器为主。

1. 全玻璃管式太阳能热水器　全玻璃管式太阳能热水器根据热介质的不同又可分为全玻璃真空管集热器和热管真空管（玻璃金属结合）集热器两种。它们的关键部件是真空集热管。太阳能集热器是太阳能热水器接收太阳能量并转换为热能的核心部件和技术关键，其造价约占太阳能热水器总造价的二分之一。

目前，最普及的全玻璃真空集热管像一个拉长的暖瓶，由两根同心圆玻璃管经抽真空而成，内管外壁采用直流反应或磁控溅射镀膜工艺制备而成，沉积渐变铝-氮/铝选择性太阳吸收膜层。全玻璃真空集热管材料、工艺和结构简单，可靠性好，集热效率高，太阳辐射吸收率≥90%，红外线发射率≤9%，使热的传导对流，辐射损失降至极低，具有"只进不出"的保温特效。

全玻璃真空集热管一般由玻璃内管、外管构成，内管内壁装水并与保温水箱相连通、循环，内管外壁涂有选择性涂层用于吸收阳光，内管与外管之间保持一定距离，通常为1厘米，将内、外管之间抽成真空后连接，集热时，当阳光透过外管照射到内管上，内管发热后，将内管内的水全部加热，利用冷热相对密度不同的物理原理，由管内与保温水箱内的水相互交递循环，最终将保温箱内的水加热。

太阳能热水器水箱是储存热水的装置，其结构、容量、保温和材料将直接影响热水器的性能和运行的质量。贮水箱主要组成部分为水箱内胆、保温层、水箱外壳、密封圈四部分。

水箱内胆生产材料的优劣，对水箱的耐压、耐温、防渗漏及水质影响很大。其水箱内胆材质为厚0.6毫米的304-2B不锈钢，其无磁性、抗锈蚀、焊接性好，塑性好。其他的常用材料有进行防腐处理的钢板或搪瓷、镀锌钢板、防锈铝板、毒塑料或玻璃钢等。水箱的热特性包括放热特性、加热特性、保温特性。放热特性就是希望水箱内的热水都能放出来，方便利用。大多数水箱的加热特性是水上部热起来，然后下部再慢慢热起来。保温特性指水温下降的快慢，与水箱的密闭性、保温材料、环境温度、水容量大小等相关。

目前，太阳能热水器保温材料大多选用聚氨酯。聚氨酯整体发泡工艺复杂，加工难度高。成功发泡成型的保温泡沫整体性好，无漏发泡，泡沫密度达80千克/米^3，强度均匀，封闭性好。如果厚度在5～7厘米，则保温性能极佳（东北严寒地区至少需厚6厘米）。

水箱外壳常年暴露在外，必须选择抗腐蚀、耐老化的材料制成。目前，市场上常见的有304-BA不锈钢板、轧花铝板、国产及进口彩板、普通铝板、氧化铝板等。正规厂家大都采用进口彩板。有些厂家利用氧化铝板及彩板，用低价位来形成市场卖点，因其抗腐蚀性差，寿命很难保证。

太阳能热水器的支撑架主要由反尾座及主撑架组成。

控制系统。一台较好的太阳能热水器应具有优质安全的常规能源辅助加热，即电加热。应采用太阳能与二次能源相结合，逢阴天光照不强，电辅助加热可弥补在阴雨天及冬季阳光不足时无法供热水的不足。

根据需要还可以采用具有水温水位显示、自动手动上下水、智能控制、温差循环、自动加热、手动加热、防冻、防干烧和故障报警等功能的全智能控制仪。

其他部件。热水器的密封圈除具有密封性好、耐高温、寿命长等性能外，还应不溶于水，否则食用后会对人体有害。质量较好的密封圈材料选用硅橡胶。

2. 平板太阳能热水器　平板型太阳能集热器是由吸热板芯、壳体、透明盖板、保温材料及有关零部件组成的。阳光透过透明盖板照射到表面涂有吸收层的吸热体上，其中大部分太阳辐射为吸收体所吸收，转变为热能，并传向流体通道中的工质。这样，从集热器底部入口的冷工质，在流体通道中被太阳能所加热，温度逐渐升高，加热后的热工质，带着有用的热能从集热器的上端出口，蓄入贮水箱中待用，即为有用能量收益。

（1）吸热板　吸热板是平板型太阳能集热器内吸收太阳辐射能并向传热工质传递热量的部件，其基本是平板形状。吸热板的材料种类很多，有铜、铝合金、铜铝复合、不锈钢、镀锌钢、塑料、橡胶等。吸热板的结构形式主要有管板式、翼管式、扁盒式、蛇管式。

在平板形状的吸热板上，通常布置有排管和集管。排管是指吸热板纵向排列并构成流体通道的部件；集管是指吸热板上下两端横向连接若干根排管，并构成流体通道的部件。

吸热板上的涂层通常使用太阳吸收比高达 0.95、发射率也在 0.90 左右的非选择性黑板漆吸收涂层。

（2）透明盖板　透明盖板与吸热板之间的距离应大于 20 毫米。透明盖板的材料主要有两大类：平板玻璃和玻璃钢板。目前国内外使用最广泛的还是平板玻璃。根据国家标准（GB/T 6424—2007）的规定，透明盖板的太阳透射比应不低于 0.78。发达国家的市场上已有专门用于太阳能集热器的低铁平板玻璃，其太阳透射比高达 0.90～0.91。一般采用单层或双层透明盖板，很少采用 3 层或 3 层以上透明盖板，否则会大幅度降低实际有效的太阳透射比。

玻璃钢板（即玻璃纤维增强塑料板）具有太阳透射比高、导热系数小、冲击强度高等特点，太阳透射比一般都在 0.88 以上，但它的红外透射比也比平板玻璃高得多。

（3）隔热层　隔热层是集热器中抑制吸热板通过传导向周围环境散热的部件。多使用岩棉、矿棉、聚氨酯、聚苯乙烯等制作。隔热层材料的导热系数越大、集热器的工作温度越高、使用地区的气温越低，则隔热层的厚度就要求越大。一般来说，底部隔热层的厚度选用 30～50 毫米，侧面隔热层的厚度与之大致相同。

（4）外壳　是保护及固定吸热板、透明盖板和隔热层的部件。一般用铝合金板、不锈钢板、碳钢板、塑料、玻璃钢等制作，要求有较好的密封性及耐腐蚀性，以及美观的外形。

平板型太阳能集热器结构简单，运行可靠，成本低廉，热流密度较低（工质的温度也较低），安全可靠，具有承压能力强、吸热面积大等特点，是太阳能与建筑一体化的最佳选择。每平方米平板太阳能集热器平均每个正常日照日，可产生相当于 2.5 千瓦时电能转化的热量，每年可节约标准煤 250 千克左右，可以减少 700 多千克二氧化碳的排放量。

（四）太阳灶

太阳灶是利用太阳能辐射，通过聚光获取热量，进行炊事操作的一种装置。它不消耗任何燃料，没有任何污染，正常使用时比蜂窝煤炉还要快，和煤气灶速度一致。

太阳灶基本上可分为箱式太阳灶、平板式太阳灶、聚光太阳灶和室内太阳灶、储能太阳灶。前三种太阳灶均在阳光下进行炊事操作。

1. 箱式太阳灶 箱式太阳灶是根据黑色物体吸收太阳辐射较好的原理研制而成。其朝阳面是一层或两层平板玻璃盖板，安装在一个托盖条上，目的是为了让太阳辐射尽可能多地进入箱内，并尽量减少向箱外环境的辐射和对流散热。箱内放了一个挂条来挂放锅及食物。箱内表面喷刷黑色涂料，以提高吸收太阳辐射的能力。箱的四周和底部采用隔热保温层。箱的外表面可用金属或非金属，主要是为了抗老化和形状美观。整个箱子包括盖板与灶体之间用橡胶或密封胶堵严缝隙。使用时，盖板朝阳，温度可以达到 100 ℃ 以上，能够满足蒸、煮食物的要求。这种太阳灶结构极为简单，可以手工制作，且不需要跟踪装置，能够吸收太阳的直射和散射能量，产品价格十分低。

2. 平板式太阳灶 利用平板集热器和箱式太阳灶的箱体结合起来就构成平板式太阳灶。平板集热器可以应用全玻璃真空管，它们均可以达到 100 ℃ 以上，产生蒸汽或高温液体，将热量传入箱内进行烹调。普通平版集热器如果性能很好也可以应用。例如，盖板的黑色涂料采用高质量选择性涂料，其集热温度也可以达到 100 ℃ 以上。这种类型的太阳灶只能用于蒸煮或烧开水，大量推广应用受到很大限制。

3. 聚光太阳灶 聚光式太阳灶是将较大面积的阳光聚焦到锅底，使温度升到较高的程度，以满足炊事要求。这种太阳灶的关键部件是聚光镜，不仅有镜面材料的选择，还有几何形状的设计。最普通的反光镜为镀银或镀铝玻璃镜，也有铝抛光镜面和涤纶薄膜镀铝材料等。

聚光式太阳灶的镜面设计，大都采用旋转抛物面的聚光原理。在数学上若抛物线绕主轴旋转一周，所得的面即称为"旋转抛物面"。若有一束平行光沿主轴射向这个抛物面，遇到抛物面的反光，则光线会集中反射到定点的位置，于是形成聚光，或称"聚焦"作用。作为太阳灶使用，要求在锅底形成一个焦面，才能达到加热的目的。换言之，它并不要求严格地将阳光聚集到一个点上，而是要求一定的焦面。确定了焦面之后，我们就不难研究聚光器的聚光比，它是决定聚光式太阳灶的功率和效率的重要因素。聚光比 K 可用公式求得：$K=$采光面积/焦面面积。采光面积是指太阳灶在使用时反射镜面阳光的有效投影面积。根据我国推广太阳灶的经验，设计一个 700～1 200 瓦功率的聚光式太阳灶，通常采光面积为 1.5～2.0 米^2。个别大型蒸汽太阳灶也是聚光式太阳灶，但其采光面积较大，有的要在 5 米^2 以上。

旋转抛物面聚光镜是按照阳光从主轴线方向入射，所以往往在通过焦点上的锅具时会留下一个阴影，这就要减少阳光的反射，直接影响太阳灶的功率。青岛本游太阳能设备有限公司在研制太阳灶时，首先提出关于偏轴聚焦的原理，克服了上述弊病。目前，我国大部分太阳灶的设计均采用了偏轴聚焦原理。

聚光式太阳灶除采用旋转抛物面反射镜外，还有将抛物面分割成若干段的反射镜，光学上称之为菲涅耳镜，也有把菲涅耳镜做成连续的螺旋式反光带片，俗称"蚊香式太阳灶"。这类灶型都是可折叠的便携式太阳灶。聚光式太阳灶的镜面，有用玻璃整体热弯成型，也有用普通玻璃镜片碎块粘贴在设计好的底板上，或者用高反光率的镀铝涤纶薄膜裱糊在底板上。底板可用水泥制成，或用铁皮、钙塑材料等加工成型。也可直接用铝板抛光并涂以防氧化剂制成反光镜。聚光式太阳灶的架体用金属管材弯制，锅架高度应适中要便于操作，镜面仰角可灵活调节。为了移动方便，也可在架底安装两个小轮，但必须保证灶体的稳定性。在有风的地方，太阳灶要能抗风而不倒。可在锅底部位加装防风罩，以减少锅底因受风的影响而功率下降。有的太阳灶装有自动跟踪太阳能的跟踪器，但是一般认为这只会增加整灶的造价。中国农村推广的一些聚光式太阳灶，大部分为水泥壳体加玻璃镜面，造价低，便于就地制作，但不利于工业化生产和运输。

4. 室内太阳灶　前面介绍的三种太阳灶都必须在室外进行炊事操作，工作环境恶劣，也不卫生，为解决这些问题又研制生产出室内太阳灶。这种太阳灶的主要特点是采用传热介质（液体），把室外聚集接收到的太阳辐射能传递到室内，然后供人们用来烹调食物。考虑室内操作的稳定性，应增加蓄热装置。

5. 储能太阳灶　储能太阳灶是利用光学原理使低品位阳光通过聚焦达到800~1 000 ℃的高温能量后，再利用导光镜或光纤使高温光束导向灶头直接利用，或将能量储存起来。这种全新的太阳灶不仅可以做饭、烧水、烘烤、储能，而且还可以作为阳光源导向室用于作照明，或做用于花卉、盆景的光照。

（五）太阳能光伏发电

太阳能光伏发电系统是利用太阳电池半导体材料的光伏效应，将太阳光辐射能直接转换为电能的一种新型发电系统，有独立运行和并网运行两种方式。独立运行的光伏发电系统需要有蓄电池作为储能装置，主要用于无电网的边远地区和人口分散地区，整个系统造价很高；在有公共电网的地区，光伏发电系统与电网连接并网运行，省去蓄电池，不仅可以大幅度降低造价，而且具有更高的发电效率和更好的环保性能。

太阳电池是对光有响应并能将光能转换成电力的器件。能产生光伏效应的材料有许多种，如单晶硅、多晶硅、非晶硅、砷化镓、硒铟铜等。它们的发电原理基本相同，现以晶体为例描述光发电过程：一部分光子被硅材料吸收；光子的能量传递给了硅原子，使电子发生了越迁，成为自由电子在 P－N 结两侧集聚形成了电位差，当外部接通电路时，在该电压的作用下，将会有电流流过外部电路产生一定的输出功率。这个过程的实质是：光子能量转换成电能的过程。

自从1954年第一块实用光伏电池问世以来，太阳光伏发电取得了长足的进步。但比计算机和光纤通讯的发展要慢得多。其原因可能是人们对信息的追求特别强烈，而常规能源还能满足人类对能源的需求。1973年的石油危机和20世纪90年代的环境污染问题大大促进了太阳光伏发电的发展。

（六）风力发电

风力发电是利用风力带动风车叶片旋转，再透过增速机将旋转的速度提升，来促使发电机发电。依据目前的风车技术，大约3米/秒的微风速度（微风的程度），便可以开始发电。风力发电正在世界上形成一股热潮，因为风力发电没有燃料问题，也不会产生辐射或空气污染。

风力发电在芬兰、丹麦等国家很流行，我国也在西部地区大力提倡。小型风力发电系统效率很高，但它不是只由一个发电机头组成的，而是由风力发电机、充电器、数字逆变器组成，具有一定的科技含量。风力发电机由机头、转体、尾翼、叶片组成。每一部分都很重要，各部分功能为：叶片用来接受风力并通过机头转为电能；尾翼使叶片始终对着来风的方向从而获得最大的风能；转体能使机头灵活地转动以实现尾翼调整方向的功能；机头的转子是永磁体，定子绕组切割磁力线产生电能。

风力发电机因风量不稳定，故其输出的是13～25伏变化的交流电，须经充电器整流，再对蓄电瓶充电，使风力发电机产生的电能变成化学能。然后用有保护电路的逆变电源，把电瓶里的化学能转变成交流220伏市电，才能保证稳定使用。

通常人们认为，风力发电的功率完全由风力发电机的功率决定，总想选购功率大的风力发电机，但这是不正确的。目前的风力发电机只是给电瓶充电，而由电瓶把电能储存起来，人们最终使用电功率的大小与电瓶大小有更密切的关系。功率的大小更主要取决于风量的大小，而不仅是发电机机头功率的大小。在我国，小的风力发电机会比大的更合适。因为它更容易被小风量带动而发电，持续不断的小风，会比一时狂风更能供给较大的能量。当无风时人们还可以正常使用风力带来的电能，也就是说一台200瓦风力发电机也可以通过大电瓶与逆变器的配合使用，获得500瓦甚至1 000瓦乃至更大的功率。

使用风力发电机，就是源源不断地把风能变成我们家庭使用的标准市电，其节约的程度是明显的，一个家庭一年的用电只需20元电瓶液的代价。而现在的风力发电机比几年前的性能有很大改进，以前只是在少数边远地区使用，风力发电机接一个15瓦的灯泡直接用电，但时明时暗经常会损坏灯泡。现在由于技术进步，采用先进的充电器、逆变器，风力发电成为有一定科技含量的小系统，并能在一定条件下代替正常的市电。山区可以借此系统做一个常年不花钱的路灯；高速公路可用它做夜晚的路标灯；山区的孩子可以在日光灯下自习；城市高层楼顶也可用风力电机，这是真正的绿色电源。家庭用风力发电机，不但可以防止停电，而且也是一种生活情趣。在旅游景区、边防、学校、部队乃至落后的山区，风力发电机正在成为人们的采购热点。无线电爱好者可用自己的技术在风力发电方面为山区人民服务，使人们看电视及照明与城市同步，也能使自己劳动致富。

（七）省柴灶

省柴灶与旧式柴灶相比，特点是省燃料、省时间、使用方便、安全卫生。省柴灶包括手工砌筑灶和商品化灶。按炉灶通风助燃方式，可分为自拉风灶和强制通风灶；按炉灶烟囱和灶门相对位置的不同，可分为前拉风灶和后拉风灶；按炉灶锅的数目分为单锅灶、双锅灶、多锅灶。

1. 省柴灶手工砌筑外部施工

第一步是砌灶体。灶体内径大小可以这样确定：燃烧室的内径加上燃烧室结构的双边厚度，再加上保温层厚度，三项之和就是灶体的内径尺寸。灶体外表应做得整齐、面平，以利于粉刷。

第二步是砌灶门。灶门的作用是添加燃料和观察燃烧情况，其位置应低于出烟口3~4厘米，若高于出烟口，就会出现燎烟现象。一般农户灶门高12厘米，宽14厘米，烧草的灶门可大一些，烧煤的灶门可小一些。灶门上应安装活动的带有观察孔的挡板。

第三步是砌灶台。通常把灶台突出灶身4~8厘米，做成"滴水边"，既方便使用，又美化灶形。砌灶台时还要注意内口留出3~4厘米，以便做锅边。

第四步是抹锅边。锅边是紧贴和托起铁锅的结构，常用硬泥或混合泥做成。一般大锅的锅边厚度为25~30厘米，中锅边为20~25厘米，小锅、特小锅为15~20厘米。抹锅边时，应边抹边用锅试，力求抹严、不漏气；锅沿超出灶面的高度要控制在3厘米以内，以便增大锅的受热面积。

第五步是砌烟囱。烟囱具有一定的抽力，可以保证燃烧室内进入充足的空气，并将燃烧过程中产生的废气排到大气中。户用炉灶的烟囱高度在3米左右，出口内径为12~18厘米。在烟囱的适当位置上要设置闸板，以控制调节烟囱的抽风量，在烟囱的基部要留掏灰孔。如果采用预制结构烟囱，内径不得小于16厘米。烟囱应高出屋脊0.5米。

第六步是粉刷。粉刷要在炉灶测试合格以后进行，灶台面、出烟口等部位最好使用1:3的水泥砂浆粉刷。灶台面如贴瓷砖，应在灶的各种性能达到技术要求且灶体阴干后进行。

2. 省柴（煤）灶的内部施工　灶的内部施工各步骤往往相伴进行，这里主要是为了叙述方便将它们依次分开。

（1）砌进风道　风道的高度和宽度都可取锅径的 1/4，纵深与炉箅里端平齐。其底部大多砌成斜坡式的，以增强引风效果。进风道应砌得坚固耐用，内壁平滑无缝，以减少进风阻力。

（2）安装炉箅　安装炉箅前，先在进风道上量出锅底中心线，以此为基础确定炉箅的偏移量和倾斜度。后拉风灶的炉箅安装位置是以锅脐为中心，炉箅总长的 1/5～1/3 朝向烟囱，2/3～4/5 背向烟囱，炉箅的安装角度从外向里倾斜 12°。前拉风灶的炉箅可以平放。烧柴草的炉箅要横放于灶膛，这样可以减少柴草的不完全燃烧损失。烧煤灶的炉箅可顺放，以便于清除灰渣。

（3）填加保温材料　炉箅放置好之后，就可在周围填加配制好的保温材料，边加边捣实。材料一般选用草木灰、锯末、煤灰等，有条件的可选用矿渣棉和珍珠岩等。

（4）抹制燃烧室　燃烧室是指围着炉箅上方到拦火圈之间的空间，宽120～140 毫米，高 60～80 毫米，其上口内缘与锅底之间留出 50～60 毫米的间隙。砌筑燃烧室除可用珍珠岩等商品材料外，一般宜用红砖、蓝瓦、混合泥等。应将燃烧室的底面制作与炉箅安装结合起来，否则不便施工。

（5）砌拦火圈　拦火圈是燃烧室上部和锅壁之间的部位。其作用是调整火焰和烟气的流动方向，合理控制流速，以提高热效率。拦火圈的施工在砌好灶体，抹制好燃烧室，充填保温层到燃烧室上端，并将填料压实抹平之后进行。拦火圈可用黏土掺麻头或头发等材料制作。如煤灰 50%、黄泥 25%、水泥 5%、头发或麻头 20%，加食盐溶液少许混合。将拌合好的硬泥抹成锅底或台阶形初坯，其厚度不得少于 4～5 厘米。把铁锅放上去用力压一压，并旋转几下，然后取出铁锅，对初坯进行修整。拦火圈与锅底的间隙要严格控制。在靠出烟口方向留 0.5～1 厘米，然后向两侧逐渐将间隙加大，到出烟口对面为2～4 厘米。

（6）砌回烟道和出烟口　回烟道的主要作用是增加高温烟气在锅底周围回旋的路程和时间。回烟道有两种：一种是明烟道，即在拦火圈外壁与灶体内壁间砌成深 3～4 厘米、宽 5～8 厘米的烟道；另一种称为暗烟道，砌在灶膛外面与灶体之间，深 12 厘米，宽 13～14 厘米。出烟口面积大于或等于炉箅有效通风面积，一般来讲，宽等于或稍大于灶门的宽度，高约等于或略大于灶门宽度的一半。出烟口应位于灶膛的最高处，其上沿低于台面 3～4 厘米。

（八）节能炕

节能炕房涉及节能炕、节能灶、房屋。节能炕是利用燃料燃烧和热量传递的科学原理设计的，涉及建筑学、流体力学、热力学、气象学等诸多学科，是一门综合性的科学技术。节能灶充分燃烧燃料产生的热量，经过喉眼到达缓冲区，缓冲区是一个长方体扁盒子，在边沿处做出较大坡度，热量并不是直接进入炕体内部，而是先进入缓冲区，将气流进行疏导、缓解，而且可以增加发热面积，避免炕头热的现象。气流从缓冲区出来后，到达人字形阻隔墙，气流从人字形阻隔墙分两路分流，一方面可以减轻排烟阻隔墙的气流压力；另一方面，人字形阻隔墙将气流逼到炕梢死角，使死角也能产生热量。气流通过人字形阻隔墙后，进入排烟道，通过烟囱将烟气排出。

节能炕建造流程如下。

1. 清理旧炕　清理工作应该在砌筑新炕前一周进行，做好墙面处理，尤其是进烟口和出烟口，并将炕基夯实整平，最后用混凝土或地砖处理好地面。

2. 准备材料

（1）水泥混凝土板　水泥混凝土炕板是节能炕房的炕面和炕底构成材料，我们来看一下它的设计要求。准备好 425# 水泥；1.5～3 厘米的石子，中粗砂，然后依次倒入混凝土搅拌机，水泥、沙子、石子的配料比例为 1∶2∶3，将混凝土倒入模具中，放入适量钢筋，钢筋直径为 4～6 毫米；水泥混凝土炕板养护期为 28 天。一般炕板尺寸为 90 厘米×50 厘米×5 厘米。

（2）支柱　制作支柱可用切割机将 PVC 管截断，长约 25 厘米，然后浇灌水泥，晾干时间为 3 天，一个节能炕使用的 PVC 支柱数量为 6～8 个。以一台长为 3 米、宽 2 米、高 0.7 米的节能炕为例，材料总计为 1 米³ 中沙土、0.6 米³ 黏土、200～600 块砖、2～6 袋 425# 水泥、中砂 0.3～0.8 米³、细炉灰 0.2 米³、瓷砖 50～70 片、麦秸或稻草若干、水泥预制板 24 块。准备好材料之后，我们来具体建造节能炕。

3. 地面处理　节能炕是由几个立柱支撑起来的，所以必须将支点以下的基础处理好，不能出现下沉现象。地面应该用水泥混凝土砸实、抹平，待坚固后方可。

4. 安装支柱　房间节能炕的长度为 315 厘米，宽为 188 厘米，每一块水泥混凝土板的长宽为 105 厘米×47 厘米，所以炕板表面正好需要 12 块水泥板来支撑。水泥板之间的交点就是安装支柱的中心位置。炕里靠墙的支柱有 4 个，高度为 25 厘米，砌筑的时候要用拉线法，保持水平，炕内支柱材料用砖头即可，依次安装好炕里的 16 个支柱后，再安装炕外的支柱，炕外支柱用 PVC 水泥管支柱代替，目的是为了美观。

安装时要把 PVC 支柱的底部修平。支柱安装完毕后，要清扫炕底地面，将施工的废料、废渣清扫干净。

5. 第一层炕面板的铺设　安放炕底板时要先从里角开始安放，先把泥抹在四个支柱表面上，安放炕底板时要稳拿稳放，接着再依次沿着里角放置第二块底板，同样用手按实，底板与底板的缝隙正好对准支柱顶面的中心，支柱顶平面的四分之一正好要搭在底板的一角上，待平稳牢固后方可再进行下一块。全部放好后，压平整，炕面板之间会有缝隙，此时要做好封闭工作，使用1：2的水泥砂浆沿着12块底板的缝隙进行勾缝。

炕内冷墙保温层砌筑炕内这部分围墙时，可用立砖砌筑法，要求用水泥砂浆坐口、立砖、横向砌筑，并与冷墙内壁留出5厘米宽的缝隙，作为冷墙保温层。在保温层内放入细炉灰等耐火材料，填满、抹平，这样就处理好了冷墙体的保温，对于节能炕房的炕热保温、减少热损失都起到有效的作用，高度为炕头18厘米、炕梢20厘米。

6. 砌筑炕墙　做好冷墙保温层后，再依次砌筑其余三面炕墙，先砌筑炕外墙，横砖砌筑，高度与保温层高度保持一致，如果镶瓷砖，要事先量好瓷砖的尺寸，避免出现镶瓷砖不合适的现象。

其余两侧的炕墙要处理好与进出烟口的衔接部位，用水泥砂浆坐口、立砖砌筑。炕墙砌筑完毕后，用花秸泥把底板和四周炕墙全部封好，四个炕角为圆角，而不是方角，这样有利于烟气在炕体内流通。

另外，为了做好喉眼与炕体的衔接，使用一块瓷砖垫放在喉眼底部，用花秸泥糊好，然后将整个炕体都完成封闭工作，不得出现底板漏烟现象。最后，在炕表面铺上一层中砂与干炉灰的混合体，干炉灰可以蓄热，防止炕面裂缝。

7. 砌筑炕内支柱砖　炕面板内需要安装炕内支柱砖，使用放线定点砌筑法，依次砌筑炕内支柱砖，支柱砖的多少取决于炕面板的大小。本案例中，炕内支柱砖为6个。

8. 砌筑炕梢阻烟墙　人字形阻烟墙处于炕梢，用红砖砌成，人字形阻烟墙内角为150°，阻烟墙的两端距离炕梢墙体，可根据烟筒抽力大小，一般来说，两头距炕梢墙体27～34厘米；半铺炕可适当掌握尺寸。阻烟墙的上边与炕面接触的部分要密封严格，阻烟墙两面要用水泥抹平、抹光，不得出现漏烟现象。

9. 第二层炕面板的铺设　安放第二层炕面板方法与安放第一层炕面板相同，采用草砂泥，把四周的炕内围墙顶面抹上一层泥，使炕面板与墙体接触部分用草砂泥黏合。

10. 炕沿　第二层炕面板安放好之后，用横砖沿着炕外单铺一层红砖作为炕沿。

11. 上炕面泥　炕面泥要求抹两遍。第一遍为底层泥，可采用花秸泥，花秸泥是用黏土、沙子按1∶5加少量麦秸和成，花秸泥张力较强，可以防止炕面裂缝，抹炕面泥时要找平、压实；炕头厚度为5.5厘米，炕梢厚度为3.5厘米。第二遍泥等到第一遍泥干到八成时就可开抹，采用白泥灰，白泥灰厚度为5毫米。

12. 炕墙镶瓷砖 为了美观，要在节能炕的周围镶上各式风格的瓷砖，起到装饰效果，美化丰富人们的生活。要求：缝隙对齐、表面平整、养护 7～10 天后方可正常使用。

（九）高效低排生物质炉

高效低排生物质炉是利用二次或多次进风原理，产生二次燃烧来节能的。它将生物质在炉膛内缺氧燃烧，使燃料高温裂解，产生一氧化碳、甲烷等可燃气体。经过多次配风，进行二次燃烧。燃气又通过炉膛高温区使焦油降解为一次性燃气后回到燃烧室进行燃烧。高效节能炉燃烧中没有焦油析出，热效率比较高，污染物排放也比较低。烟气一般排到室外，不至于污染室内空气，对人体健康有较大好处。

该炉适于木柴、玉米芯、粗粒状燃料等，能持续添加燃料，也可一次性添加或根据用量添加，并且燃料不需特殊处理，使用成型燃料效果更佳。该炉既可用于日常炊事，也可用于冬季取暖，还可用于保护地种植设施内的增温。

（十）秸秆成型技术

秸秆成型技术是在一定温度和压力作用下，将各类分散的、没有一定形状的秸秆及林木"三剩物"（造林、采伐、加工过程中产生的有机剩余物）经过收集、干燥、粉碎等预处理后，利用特殊的生物质固化成型设备挤压成规则的、密度较大的棒状、块状或颗粒状成型燃料，从而提高其运输和储存能力，改善秸秆燃烧性能，提高利用效率，扩大应用范围。生物质成型燃料的密度可达 0.8～1.3 吨/米^3，热值可达 15～17 兆焦/千克，去除尘土等杂质后的原料利用率可达到 95% 以上，燃烧特性明显改善，且储存、运输、使用方便，可替代薪柴和煤作为生活生产用能。秸秆固化技术可采用热成型工艺、常温成型工艺、先炭化后成型和先成型后炭化工艺等，其中，不添加黏结剂的常温成型工艺是符合环保要求的。

二、农户庭院型传统"居、养、种"一体化能源生态建设内容与技术要求

农户庭院型传统的"居、养、种"一体化能源生态模式的建设，经过多年的探索和实践，各地都在结合地区实际的基础上，总结出了北方"四位一体"能源生态模式、西北"五配套"能源生态模式、南方"猪沼果"能源生态模式。这三大模式，都是将当地的特点与能源生态建设紧密结合，突出了以沼气为纽带，将种植业、养殖业结合起来。

（一）北方"四位一体"能源生态建设模式

1. 建设原则

（1）因地制宜 即根据当地的自然气候，以及农户庭院面积，空地大小、

方位、农作物种植和畜禽养殖规模等，对沼气池、厕所、畜禽圈舍和日光温室进行合理设计。

（2）同步施工　即"四位一体"模式中的沼气池、厕所、畜禽圈舍和日光温室要按照设计图纸和规定标准要求，同步设计，同步施工。

（3）安全使用　即"四位一体"模式完工后，要对农户进行相关实用技术培训，以确保模式的安全运行，当模式出现问题是，一定要请有关部门和专业技术人员及时解决。

2. 建设面积　在农户庭院中建造"四位一体"能源生态模式，日光温室长度为 25～50 米，如在大田中建造"四位一体"能源生态模式，则日光温室长度应在 60 米左右；日光温室一侧建造畜禽圈舍，卷舌面积 20 米^2 左右；畜禽圈舍地下建 8 米^3 沼气池；厕所建在畜禽圈舍旁边，面积 2 米^2 左右。

3. 方位确定

（1）畜禽圈舍必须设在模式总体平面的西侧或东侧。

（2）沼气池建在畜禽圈舍地面下，便于进料和日常管理。

（3）沼气池的出料口一定要设在日光温室内，以方便以后的出料和给作物施肥。

（4）设定沼气池发酵间中心在模式总体宽度的中心线上，其目的是为了保持沼气池的温度。

4. 建设要求

（1）对日光温室的要求　日光温室是"四位一体"能源生态模式的基本框架和主题结构，沼气池、畜禽圈舍、厕所、菜地都要装入温室中，形成全封闭状态。要按照结构合理、光照充足、保温效果好、抗风、抗雪压的要求设计温室。温室采用竹木或预制件做骨架，土或砖做围墙，采光面采用塑料薄膜；温室长度一般为 20～50 米，最长不超过 60 米；温室跨度 6～7 米，后坡水平投影与总跨度的比值为 0.15～0.25；温室后墙高度一般为 1.8～2.2 米，不能低于 1.6 米，中柱矢高为 2.4～3 米；墙体厚度 50～60 厘米，采用干打垒土墙，厚度要大于 80 厘米；后坡仰角的适度角度为 35～40 度，一般不小于 30°；在前坡拱角 20 厘米处，挖深 50～60 厘米、宽 40 厘米防寒沟；采光面覆盖材料采用透光性好、强度高、抗老化的无滴塑料膜。

（2）对猪舍的要求　猪舍建在温室的一端，玩不形状与温室一致；温室与猪舍之间用墙间隔（内山墙），墙壁留两个换气孔，孔径为 20～24 厘米，低孔距地面 1.5 厘米，高孔距地面 1.5 米；猪舍屋面采用起脊式圈舍，坡度与日光温室相同，保持猪舍冬暖夏凉；猪舍南墙距棚脚 0.5～1 米处，设 1 米高度墙，背面设走廊，宽 1 米，廊墙用砖砌，高度 1 米，猪舍水泥地面，高出自然地面10 厘米，抹成 3%～5% 的坡度，坡向溢水槽，便于粪便收集和夏季排水；猪舍北墙距地 1 米处，设长 40 厘米、宽 30 厘米的通风口，在猪舍棚顶背风面设排气孔；在猪舍内的一角设厕所，面积 1 米²，蹲位比猪舍地面高出 20 厘米左右；人畜粪便进料口的暗沟坡度大于 45°。

（3）换气孔的作用　日光温室与猪舍之间内山墙上的换气孔有两个方面的作用。一是交换气体，即通过换气孔使猪呼出的二氧化碳和温室内植物呼出的氧气进行交换；二是交换热量，在晚上气温下降时，通过换气孔使猪体释放的热量进入日光温室，从而提高温室的温度。

（二）西北"五配套"能源生态建设模式

西北"五配套"模式是从西北地区的实际出发，依据生态学、经济学、系统工程学原理，从有利于农业生态系统物质和能量的转换与平衡出发，充分发挥系统内的动物、植物与光、热、气、水、土等环境因素的作用，建立起生物种群互惠共生、相互促进、协调发展的能源—生态—经济良性循环发展系统，高效率利用农民所拥有的土地资源和劳动力资源，引导农民脱贫致富，创造良好的生态环境，带动农村经济持续发展。

以下着重介绍水压式旋流布料自动循环沼气池主体技术要点和苹果树施用沼肥技术。

1. 水压式旋流布料自动循环沼气池主体技术要点　该池型由进料口、进料管、发酵间、贮气室、活动盖、水压酸化间、旋流布料墙、单向阀、抽渣管、活塞、导气管、出料通道等部分组成，利用产气动力和动态连续发酵工艺，实现自动循环、自动搅拌等高效运行状态，主要体现了菌种自动回流、自动破壳与清渣、微生物富集增殖、纤维性原料两步发酵、太阳能自动增温、消除发酵盲区和料液"短路"等新技术优化组装配套，解决了静态不连续发酵沼气发酵装置存在的技术问题。

2. 苹果树施用沼肥技术　果树地上部分每一个生长期前后，都可以喷施沼液，叶片长期喷施沼液，可增强光合作用，有利于花芽的形成与分化；花期喷施沼液，可以保证所需营养，提高坐果率；果实生长期喷施沼液，可促进果实膨大，提高产量。同时，果树喷施沼液，对虫害有一定的防治效果。

西北"五配套"生态果园模式如图 2-1 所示。

（三）南方"猪沼果"能源生态建设模式

1. 规划与设计　南方"猪沼果"能源生态模式是以一户农户为基本建设单元，利用房前屋后的山地、水面、庭院灯场地建成的能源生态模式。在平面布局上，要求猪栏必须建在果园内或果园旁，沼气池要与畜禽舍、厕所结合，使之形成一个整体。

果园面积、生猪养殖规模、沼气池容积要合理组合。首先要根据果园栽植的面积来确定肥料种类和需肥量，然后确定猪的养殖头数，再根据生猪饲养规

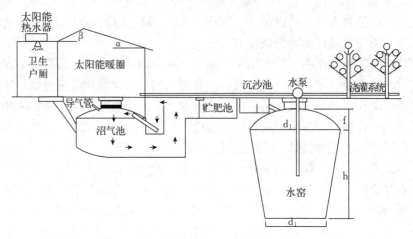

图 2-1 西北"五配套"生态果园模式

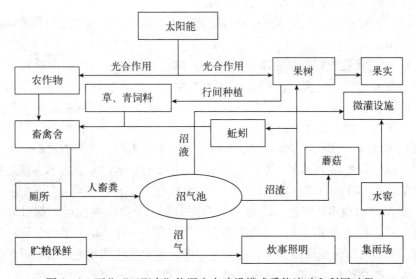

图 2-2 西北"五配套"能源生态建设模式质能流动和利用过程

模来确定沼气池容积的大小。由于果树的需肥情况与树种、品种、树龄、树势、产量、土壤肥力及气候条件等诸多因素有关,因此该模式的组合要根据具体果园的实际情况来决定。一般按户建一口 8～12 米³ 沼气池,常年存栏2～4头猪,种植 4 亩果园的规模进行组合配套。

该模式也可因地制宜,从农户的各自实际条件出发,结合房前屋后的土地、水面等资源条件开展庭院经济,果园内种植经济作物,养殖其他畜禽代替养猪等。

2. 建设技术　模式的建设主要内容包括畜禽舍、沼气池和果园三部分，每个部分都是模式系统循环利用不可或缺的设施，建设的质量直接关系到模式能否发挥出好的效益。模式中的沼气池建设技术，可以参考相关国际标准，这里仅以猪舍和果园建设为主。

（1）猪舍建设　猪舍建筑合理与否，与猪的育肥及饲养息息相关。

① 猪舍的选址　猪舍在建筑之前，要选在果园或其他经济作物生产基地内或旁边，选择在不积水、向阳的缓坡，使猪舍阳光充足、地势高燥，利于冬季保温。同时，还需要对水源和土壤进行勘察，选择有充足水量、水质好，便于取水和进行卫生防疫的水源，土质结实和渗水性强的沙壤土处建猪舍。

② 猪舍的规划与布局　猪舍的选址完成后，须根据有利于防疫、改善场地小气候、方便饲养管理、节约用地的原则，并考虑当地气候、风向、场地的地形地势、猪舍设施的尺寸以及沼气池、厕所结合等因素，做好建设规划，并绘制总施工图，由工程技术人员按图施工。猪舍的合理布局要安排好猪舍的位置、朝向、间距。

③ 猪舍的模式　猪舍的建设要根据养猪的规模、性质来确定。但是要因地制宜、就地取材，做到持久耐用和适用。材料可以选择砖瓦结构和片石泥土结构。

（2）果园建设　果园的果树应为多年生植物，果园的气候条件、土壤肥力、地下水位等因素是影响果树生长的重要因素。因此，慎重选择坡地建园，对模式的发展具有极其重要的意义。

① 园地的选址　根据果树生长对气候、土壤、地形地貌和水源等要求，选择温度、湿度、降水、光照等条件适宜地区，以土层深厚、质地疏松、肥沃、保水保肥力强和排水良好的轻质沙壤土为好。要注意避开"冷湖"和"风口"，以避免造成冻害。海拔应控制在 400 米以下，严格控制在坡度 20°以下的缓坡、斜坡。

② 园地的规划　园地建设前，应根据因地制宜，先进适用的原则，进行合理规划，以提高土地利用率，防止水土流失，方便果园管理。要做好道路系统和水利系统的规划布局。

③ 苗木的定植　苗木定植是果园建设的一项重要内容，应注重苗木定植质量，否则造成苗木成活率低，久久不能投产。果园的种植密度要根据果树品系、栽培环境、栽培技术等因素综合分析确定。一般情况下，在丘陵山地种植橙类果树的株距为剃面宽度的 2/3。在平地的株距为 3.5～4 米，行距为 3～5 米，每亩株数控制在 33～63 株。要根据种植果树的品种，因地制宜地选择长方形栽植、正方形栽植、三角形栽植和等高栽植几种方式。

三、农户庭院型专业化养殖户能源生态建设内容与技术要求

农户专业化养殖场能源生态模式以专业养殖户（小型养殖场）为主体，并搭配有相当规模的农作物基地、小型沼气工程（污水净化处理池）、太阳能热水器，实现清洁化生产。该模式以合理利用生产、小型沼气工程（污水处净化处理池）及太阳能热水器为要点，将优质燃气、小型沼气工程（污水净化沼气池）和太阳能热水器加以配套利用，并与农村地区改厕、改厨整合在一起。依靠小型沼气工程（污水净化处理池），积极发挥养殖户（小型养殖场）的生态化效应，将畜禽粪便转化成有机肥，污水通过沼气池厌氧发酵，生产出沼气、沼渣、沼液，使其应用到农业的日常生活及农村居民的生活中，进而高效地防止养殖污染，促进养殖废弃物的零排放和集约化利用，实现无害化处置，进而实现养殖专业户（小型养殖场）生态建设的良性循环，及时有效地处置各种污水、提升农村地区的居住质量，打造绿色生态化家园，推进清洁能源的供给，以提升农村地区居民的生活质量和效益，同时也极大地改善农村地区的生态环境。

（一）标准化 150 模式猪舍建设技术要点

1. 标准化 150 模式猪舍的建筑

（1）墙体

① 标高水平以下为二层 50 墙（两砖厚的墙体）为基础，上加三层 37 墙（一砖半厚的墙体）至水平墙面，水平面以上纵墙高 200 厘米，两边山墙中心高 220～230 厘米。纵墙为 30 实心墙（一又四分之一砖厚的墙体）。

② 保温墙做法为由内到外依次为 1∶2 沙浆，1 厘米内粉，12 厘米砖墙作为内墙，6 厘米保温材料（低密度 10 千克/米^3 聚苯板，7 米^3），12 厘米砖墙作为外墙。

③ 外墙面为清水面墙加浆勾缝，1∶2 水泥沙浆粉刷 50 厘米高，以防溅水。

④ 窗户高度距水平面 100 厘米，框高 70 厘米，宽 100 厘米。向内斜开，窗扇两边加挡风隔板并有密封条，通风窗高 70 厘米，长 100 厘米（外径尺寸），窗扇同上，窗户及通风口四周为实心墙。

（2）戏水池建设技术要点

① 戏水池宽 105 厘米，紧贴内墙，戏水池沿于缝漏沟间距 10 厘米，戏水池应做防渗处理。

② 戏水池排粪出口要成下漏排粪，出口装堵水口。

（3）漏缝沟建设技术要点　漏缝沟沿宽 50 厘米，沟宽 40 厘米，沿高 5 厘米，上铺 50～100 厘米的漏缝地板，沟深高度从进口的 20 厘米到出口的 40 厘

米，沟底部呈 U 形。

（4）屋顶

① 屋顶做法　由下至上为屋架、檩条、无滴薄膜，两层 3 厘米聚苯板错开布置（容重大约 18 千克/米³，14 米³），无滴薄膜用铁丝固定在石棉瓦面（或彩钢瓦）。

② 屋架　可采用钢架屋架，也可采用木材"人字梁"做屋架，但要根据选用材料适当增加支柱。

（5）地下基础及地面　地基为 2∶8 或 3∶7 灰土 15 厘米夯实或平铺 6 厘米厚砖，上铺 1∶2.5 或 1∶3 水泥沙浆 2 厘米，表面要粗糙。

（6）隔栏、料桶

① 隔栏下部为 12 厘米砖墙，高 50 厘米，两侧水泥沙浆 1 厘米粉刷，上部二根间距 20 厘米钢管横向排列，每间距 200 厘米加一竖栏固定。

② 料桶采用自动料桶，料桶距走道隔栏 25～40 厘米，以便投料。料桶宽 73 厘米。

③ 戏水池上部用 12 钢筋（直径为 12 毫米的钢筋）隔栏，竖排钢筋间隔不超过 8 厘米，隔栏两侧用卡环与墙壁和圈栏连接。

（7）猪舍面积　猪舍按存栏量安排舍内面积，150 头存栏舍宽 8.1 米，长 24 米，走道宽 2.7 米。进门处留 2.5 米的操作间，猪栏宽 3.5 米，长 8.1 米。

2. 饮水系统

（1）饮水系统安装

① 进水管选用 6 厘米以上的管道，入舍处从烟道上方地面通过，以使冬季水温升高。

② 舍内管道可选用 PVC 管，在戏水池上方 120 厘米处固定，每栏留两个以上出水口。

③ 在钢筋隔栏中部上焊接 2 个 3～4 厘米长的 3.333 厘米铁管环，上部铁管环在钢栏顶部，打一孔丝，安一固定螺丝，下部一个距水平面 60 厘米，饮水器铁管用 4 分铁管，长 90 厘米，串入铁管环，饮水器铁管下部安一个三通，上接 2 个饮水乳头，上部用软管与饮水管道连接，以便于调节饮水口高低。

（2）饮水器及饮水压力

① 每个栏内至少分开安装 2 个以上饮水乳头，每个饮水活动铁管三通连接两个饮水乳头，纵向伸向两个栏舍。

② 饮水压力为单舍水塔 20 米，高度不低于 5 米，水压以饮水乳头每分钟流量不少于 500 毫升为宜。

3. 环境控制系统

（1）排风扇在入口对侧山墙上安装尺寸为 110 厘米×110 厘米和 75 厘

米×75 厘米的负压风机各 1 个。

（2）风扇底部距地面 100 厘米，两风机间隔 2.5 米，尺寸为 110 厘米×110 厘米的风机靠近戏水池，75 厘米×75 厘米的风机靠近人行走道。

（3）水帘离地 30 厘米，放中间。

（二）小型沼气工程建设技术要点

1. 设计原则

（1）小型畜禽养殖场沼气工程应按照能源生态型粪污无害化处理与资源化利用工艺进行工程设计。工程周边应有足够的农田消纳厌氧发酵后的沼液和沼渣，以实现环境友好和可持续发展的目标。

（2）小型畜禽养殖场沼气工程工艺设计必须遵守国家有关法律、法规，执行国家现行的资源利用、环境保护、土地节约、安全与消防等有关规定。

（3）小型畜禽养殖场沼气工程工艺设计应根据中小型畜禽养殖场资源统筹规划，与城乡发展相协调，做到近远期结合，以近期为主，兼顾远期发展。

（4）小型畜禽养殖场沼气工程工艺设计应根据原料特性和应用模式，选择投资省、占地少、运行稳定、操作简便的工艺技术，并积极稳妥地选用新工艺、新技术、新设备、新材料。

（5）小型畜禽养殖场沼气工程应设计在生产区的下风向，设计使用年限应不低于 25 年。

（6）小型畜禽养殖场沼气工程选址应充分论证，应符合就近、就地利用沼气、沼渣及沼液的原则。

（7）小型畜禽养殖场沼气工程应在符合国家有关消防规定要求下，与居民生活区、生产或储存易燃易爆及其他危险物品的场所保持安全距离。

2. 工艺与布局

（1）设计依据　设计应以委托方和设计方签订的设计合同书、项目文、委托方提供的基础资料为依据。设计前，应对工程现场进行实地勘察，并搜集以下技术基础资料：发酵原料，自然气象、地质水文、水电供应、三沼利用等方面。

（2）设计内容　工艺设计应包括发酵原料的收集、前处理，沼气的生产，沼气的净化、储存、输配与利用，沼渣、沼液的综合利用等全系统工艺。

（3）平面布置　畜禽养殖场沼气工程在符合国家有关消防要求下，应与地上构（建）筑物、棚墙、交通通道、畜禽养殖场生产、生活设施和居民区之间保持一定的安全距离。场区布置应满足沼气工程工艺、地质、交通、供电、排水、安全生产和卫生防疫等要求，构筑物的间距应满足施工、设备安装与维护的要求。输送污水、沼液和沼气的管道应合理布局，避免迂回曲折和相互干扰，尽量减少弯头。各种管线应用不同颜色加以标记和区别。场区应设置物料堆放及停车场地，并留适宜宽度的汽车通道，单车道 3 米，双车道 5 米，转弯半径不小于 6 米；各建筑物间应留有连接通道，宽度不小于 1.5 米。沼气工程场区应设围墙（栏），处理构筑物和贮气柜应设置安全护栏，高度不宜低于1.2 米。建筑物和构筑物群体效果应与周围景观协调统一，美观大方。沼气工程场区应设置给水和排水系统，拦截暴雨的截水沟和排水沟应与场区排水通道相连接。

（4）前处理系统　前处理系统应配套养殖粪污收集和输送、毒物降解、清杂除沙、调质均化、温度调控、酸碱度调控等设施和装备，目的是为厌氧消化产沼气创造适宜的条件。以鸡粪、牛粪为原料时宜设沉沙池，牛粪为原料时应有粪草分离设施。污水进入集污池前应通过格栅清除较大的杂物，沟渠坡度应确保污水能自流进入集污池或沉沙池。

（5）格栅　在集污池前须设置格栅，其数量不宜少于两道，一道去除大型杂物的粗格栅栅条，间隙为 20～40 毫米，一道去除中小型杂物的细格栅栅条，间隙为 5～15 毫米，格栅应便于清除杂物和清洗。污水过栅流速一般为 0.5～0.8 米/秒，格栅倾角为 45°～75°。

（6）集污池　畜禽养殖场粪污厌氧处理系统前，应设置集污池，用于收集冲洗水和尿液。集污池形状和有效容积应根据养殖规模、清粪周期、粪污量、水泵流量等因素确定，容积不应小于该池水泵 30 分钟的出水量。集污池宜按地下式设计，应有顶盖、保温措施、安全围护、沉渣清除等设施。

（7）调节池　调节池用于调控原料数量、温度、酸碱度和调质均化、降解毒物、沉淀除沙等。

四、农户庭院型专业化种植户能源生态建设内容与技术要求

农户庭院型专业化种植户能源生态建设是围绕农村能源、新能源开发利用，实现资源多级转化循环的能源生态工程，根据农户种植农作物不同品种，结合当地的实际情况，汇集能源建设的先进技术，将节能型日光温室、省柴灶或高效低排生物质炉、节能炕、秸秆固化、秸秆沼气工程、太阳能、风力发电的技术结合起来，从而实现多能互补的能源生态型建设目的。

1. 多功能日光温室　为适应种植所需种苗的需要，可建造多功能日光温室。建造多功能日光温室要根据种植面积进行计算，并请专业技术人员根据规划进行设计。日光温室在运行过程中依靠电脑程序控制，实现冬季制热，夏季制冷。太阳能吸收式制冷利用太阳能保热器将水加热，为吸收式制冷发生器提供其所需的热媒水，从而使吸收式制冷机正常运行，达到制冷目的。

2. 太阳能或风力发电　在有条件的种植大户，可以安装太阳能硅电池和风力发电机组，以供应生产、生活用能（包括日光温室用能）。在农田内安装

太阳能振频杀虫灯、作业灯、照明灯。在生活区内安装太阳能热水器。

3. 节能技术 采用省柴灶、高效低排生物质炉、节能炕等，提高生物燃料的热效率、降低烟尘及有害气体排放量，从而节约大量的秸秆和林木剩余物。被节省出来的部分生物质可作为食用菌的生产原料，生产食用菌后的废料也可作为肥料还田，改善土壤质量，实现循环利用；被节省出来的另一部分秸秆则可作为沼气发酵原料，通过秸秆沼气技术进行再生利用；不宜作为食用菌生产和沼气发酵原料的生物质，可以通过秸秆固化技术，用来加工生物质成型燃料。

4. 秸秆固化技术 有条件的种植大户可以建设秸秆固化站，将未经过任何加工转化的农作物秸秆以及林木剩余物进行固化成型处理。除了农户生产、生活自用以外，成型的生物质燃料还可进行能源市场进行交易，既替代常规化石能源，减少温室气体排，改善农业生产和人们生存的环境状况，又能够有效提高秸秆及林业剩余物的商品价值，是实现农林生产的副产品资源化利用的有效途径。

5. 秸秆沼气技术 又称秸秆生物气化技术，是指以秸秆为主要原料，经微生物厌氧发酵作用生产可燃气体（沼气）的秸秆处理技术。按处理工艺可分为干法和湿法发酵两类，按规模可分为户用和工程化两类。每吨秸秆可产沼气300 米³，减排二氧化碳 0.145 6 吨，生产有机固体肥料（含水率约 20%）0.595 吨。

（1）户用秸秆沼气技术 通过对秸秆进行粉碎、湿润、混合、预处理、接种等工艺流程，投入沼气池进行发酵。

① 用粉碎机粉碎秸秆（稻草、麦草、玉米秸等），粒度 10 毫米，粉碎秸秆加水（最好是粪水）进行湿润，每 100 千克秸秆加水 100～120 千克。

② 将湿润好的秸秆、复合菌剂和碳酸氢铵进行混合，一般 8 米³ 沼气池需用复合菌剂 1 千克、碳酸氢铵 5 千克、补水 100 千克、补充秸秆到 185～200 千克（用手捏紧，有少量的水滴下，保证含水率 65%～70%，肉眼观察地面不能有水流出）。

③ 生物预处理时间为夏季 3～4 天、冬季 4～6 天。一般情况下，到堆内温度达到 50 ℃并维持 3 天、堆内秸秆长出白色菌丝时即可入池。池内预处理时，可入无水的沼气池进行生物预处理，生物预处理时适当踩实，池口要覆盖。

④ 将生物预处理好的秸秆入池，加入接种物，同时加入碳酸氢铵（在没有粪便的情况下）。接种物的用量为料容量的 20%～30%，碳酸氢铵 8～10 千克（有粪便时可少加或不加），加水量为沼气池的常规容量（总固体浓度为6%～8%）。若采用连续发酵工艺，秸秆经生物预处理后不加水，加接种物

即可。

（2）工程化秸秆沼气技术 整个秸秆处理过程可分为三个阶段：好氧预处理升温、厌氧发酵生产沼气、好氧发酵生产有机肥料。第一步，将物料堆入发酵槽，进行好氧预发酵，待物料升温后，将厌氧旧料或专用菌种制备系统生产的菌种混入。第二步，在发酵槽上覆盖柔性密封膜，使物料在密闭条件下厌氧发酵，生产沼气。第三步，当厌氧发酵结束后，将膜内沼气抽空，并收起柔性密封膜，剩余物料再进行好氧脱水处理，生产有机肥料。

第四节 不同区域类型特点

一、北方"四位一体"模式农户庭院型能源生态建设特点

北方"四位一体"模式是集能源、生态、环保及农业生产为一体的综合性利用模式。它的主要配套设施是由沼气池、畜禽舍、厕所、日光温室组成。具有配套优化、相互连接、各种设施有机结合的特点。

北方"四位一体"能源生态模式是在农户庭院内建日光温室，在温室的一端地下建沼气池，沼气池上建畜禽圈舍，温室内种植蔬菜或水果。该模式以太阳能为动力，以沼气为纽带，种植业和养殖业相结合，形成良性循环，增加农民收入。

该模式以 $200\sim600$ 米^2 的日光温室为基本生产单元，在温室内部西侧、东侧或北侧建一座 30 米^2 的太阳能畜禽圈舍和一个 2 米^2 的厕所，畜禽圈舍下部为一个 6 米^3 的沼气池，利用塑料薄膜的透光和阻散性及复合保温墙体结构，将日光能转化为热能，阻止热量及水分的散发，达到增温、保温的目的，使冬季日光温室温度保持在 10 ℃以上，从而解决了反季节果蔬生产、畜禽和沼气池安全越冬问题。温室内饲养的畜禽可以为日光温室增温并为农作物提供二氧化碳气肥，农作物光合作用又能增加畜禽舍内的氧气含量；沼气池发酵产生的沼气、沼渣和沼液可用于农民生活和农业生产，从而达到环境改善，能源利用促进生产，提高生活水平的目的。

北方"四位一体"模式的主要设施相关连接、功能发挥形成了系统集成效应。

1. 沼气池 是"四位一体"模式的核心，起到链接养殖与种植、生产与生活用能的纽带作用。沼气池位于日光温室内的一端，利用畜禽圈舍自流入池的粪尿厌氧发酵，产生以甲烷为主要成分的混合气体，为生活（照明、炊事）和生产提供能源。同时，沼气发酵的残余物为蔬菜、果品和花卉等生长发育提供优质有机肥。

2. 日光温室 是"四位一体"模式的主体，沼气池、畜禽圈舍、厕所、栽培

室都装入温室中，形成全封闭状态。日光温室采用合理采光时段理论和复合载热墙体结构理论设计的新型节能型日光温室，其合理采光时段保持 4 小时以上。

3. 太阳能畜禽圈舍 是"四位一体"模式的基础，根据日光温室设计原则，使其既达到冬季保温增温，又能在夏季降温、防晒。使生猪全年生长，缩短育肥时间，节省饲料，提高养猪效益，并使沼气池常年产气利用。

二、西北"五配套"模式农户庭院型能源生态建设特点

西北"五配套"能源生态模式是由沼气池、厕所、太阳能暖圈、水窖、果园灌溉设施五个部分配套建设而成。沼气池是西北"五配套"能源生态模式的核心部分，通过沼气池的纽带作用，把农村生产用肥和生活用能有机结合起来，形成以牧促沼、以沼促果、果牧结合的良性生态循环系统。

三、南方"猪沼果"模式农户庭院型能源生态建设特点

南方"猪沼果"能源生态模式是以农户为基本单元，利用房前屋后的山地、水面、庭院等场地，主要建设畜禽舍、沼气池、果园等几部分，同时使沼气池建设与畜禽圈、厕所结合，形成养殖—沼气—种植三位一体庭院经济格局，形成生态良性循环，增加农民收入。

南方"猪沼果"能源生态模式的基本要素是"户建一口池，人均年出栏两头猪，人均种好一亩果"。基本运作方式是：沼气用于农户日常做饭点灯，沼肥用于果树或其他农作物，沼液用于鱼塘和饲料添加剂喂养生猪，果园套种蔬菜和饲料作物，满足庭院畜禽养殖饲料需求。

南方"猪沼果"能源生态模式围绕农业主导产业，因地制宜开展沼渣、沼液综合利用。除养猪外，还包括养牛、养羊、养鸡等庭院养殖业；除与果业结合外，还与粮食、蔬菜、经济作物等相结合，构成"猪沼果""猪沼菜""猪沼鱼"和"猪沼稻"等衍生模式。

第五节　典型案例

一、北方"四位一体"模式农户庭院型能源生态建设案例

（一）背景

20 世纪 90 年代以来，辽宁省根据地域资源条件的不同，通过农业科技工作者的努力研究和农民的反复实践，逐渐形成了具有代表性的"北方农村能源生态模式"（即"四位一体"）。这种模式的形成和发展，使北方农村沼气建设从单一追求能源效益发展到以沼气为纽带，集种植业、养殖业及农副产品加工业为一体的生态农业模式，将农民生活、生产和生态紧密联系在一起，具有多

样性、系统性、集约性和持续性的特点，在促进农民脱贫致富、农业生产结构调整和农业与农村经济的可持续发展等方面起着重要作用。

该模式于 1994 年出台省级地方标准；1996 年通过农业部组织的专家鉴定，结论为"国内领先"，并被国家科委列为全国重大科技推广项目之一；1997 年被评为农业部科技进步二等奖；2001 年北方"四位一体"生态模式项目获全国农牧渔业丰收奖一等奖；2004 年农业生态良性循环利用技术项目获全国农牧渔业丰收奖二等奖，被农业部列为"十五"重点推广的 50 项技术之一、中国生态农业十大模式和技术的第一项，出台了农业行业标准。2000 年，中央电视台和中国科学教育电影制片厂受农业部委托，在辽宁省拍摄的科教电影《生态家园——北方农村能源生态模式》向国内外公开发行。

（二）技术要点

北方农村能源生态模式（以下简称"四位一体"）是依据生态学、经济学和系统工程学原理，以沼气建设为纽带，将畜牧业、种植业等科学、合理地结合在一起，通过优化整体农业资源，使农业生态系统内物质多层次利用，能量多级循环，达到高产、优质、高效、低耗的目的，是一项具有生态合理性、功能循环优化性的可持续农业技术。通俗地说，就是农户通过建沼气池，利用人畜粪便、生活污水、农业废弃物等入池发酵，产生的沼气、沼液和沼渣用于日常生活和农业生产，从而形成农户生活—沼气发酵—生态农业的良性发展链条。

该模式的基本要素是：建一个坐北朝南的日光温室，通常 $200\sim600$ 米^2，日光温室内部西侧、东侧或北侧建一个 20 米^2 的畜禽舍和一个 1 米^2 的厕所，畜禽舍下部为一个 $6\sim10$ 米^3 的沼气池。

日光温室是北方模式的基本框架。沼气池、畜禽舍、厕所、农作物栽培都在日光温室内，形成一个封闭的体系。日光温室的作用就是为沼气池、畜禽、温室内的农作物提供适宜的温湿度条件，从而一改过去北方沼气池半年使用半年闲，且冬季极易冻坏的弊病，达到全年正常运行产气；改变北方冬季土地闲置的状况，变淡季为旺季，变无收为有收；改变北方冬季畜禽由于御寒导致能量损失过大，光吃食不长膘的状况，缩短出栏时间，降低生产成本。

其基本原理就是利用塑料薄膜的透光和阻散性能，并配套复合保温墙体结构，将太阳能转化为热能，同时保护和阻止热量及水分的散失，达到增温、保温目的，使冬季室内、外温差可达到 30 ℃以上，也就是在室外温度为 -20 ℃的气候条件下，日光温室内温度可保持在 10 ℃以上。从而使北方模式内的喜温果、菜反季节生产和制取沼气更加安全可靠。同时，饲养的畜禽也能为温室提高温度。据测定，10 头 50 千克以上的猪可为 100 米^2 的温室提高温度 1 ℃，10 头 100 千克以上的猪可为 100 米^2 的温室提高温度 1.5 ℃。此外，畜禽呼吸作用或在日光温室内燃烧沼气，可以为日光温室增温并为农作物提供二氧化碳气肥，农作物光合作用又能增加畜禽舍内的氧气含量。这样，各组成部分相互利用、相互依存，形成一个能流、物流良性循环的生态圈。

（三）推广及效益情况

北方农村能源生态模式已在全国北方大面积推广，受到各级领导的赞誉和广大农民的热烈欢迎。到 2012 年年末，辽宁省已推广"四位一体"和"一池三改"60.3 万户，每年仍以 2 万户左右的速度迅猛发展，形势十分喜人。

据调查，辽宁省"四位一体"平均每栋年产沼气 300 米^3，提供沼肥 16 米^3，年出栏生猪 6～15 头，冬季生产蔬菜 1 500 千克，年户均纯收入 5 000 元左右，效益好的在万元以上。

（四）主要经验与做法

1. 加大宣传力度　通过广播电视、报纸和网络等各种新闻媒体，上宣传领导，下宣传群众。把北方生态模式建设当作发展农村经济、改善农村生态环境、提高农民生活质量、建设社会主义新农村的重要抓手来抓，并纳入政府为民办实事之中，层层建立目标责任制。

2. 强化质量管理　各地在项目建设时树立"质量第一、讲求效益"的原则，强化质量管理，保证项目建设质量，严格把好"选户关、施工关、标准关和验收关"，并做到统一规划、统一施工、统一验收和全方位后续服务。

3. 以点带面，辐射周边　以一户带四邻，四邻带全村和树立样板工程等方法，引导群众，让群众看到建设北方模式的好处，从中尝到甜头，自发建设。

4. 完善的后续服务　辽宁省在项目实施过程中，坚持"标准化设计、专业化施工、档案化管理、系列化服务"的理念，组建专业施工队伍和后续服务队伍，乡镇有服务机构，村里有管理人员，做到建一个成一个，用一个，发挥效益一个。

（五）技术标准

北方"四位一体"农村能源生态模式目前有两个标准，一个是农业部发布的行业标准《户用农村能源生态工程　北方模式设计施工和使用规范》（NY/T 466—2001），第二个是辽宁省质量技术监督局发布的地方标准《北方农村能源生态模式（四位一体）设计和施工规程》（DB21/T 1332—2004）。

二、西北"五配套"模式农户庭院型能源生态建设案例

（一）背景

陕西省富县位于陕北黄土高原沟壑与黄土丘陵交错过渡地带，位于黄龙山和子午岭之间。全县总面积 4 182 千米^2，为延安市面积第一大县，陕西省面

积第五大县。全县总人口 14.75 万人，农业人口 11.75 万人。有耕地 50 万亩，其中：苹果 35 万亩；蔬菜 3 万亩；烤烟 2 万亩；其他作物 9 万亩。309、210 国道、包茂、青兰高速、西延铁路及复线依县城相通，交叉过境，是连接东西，贯通南北的交通枢纽。全县常年平均降水量 600 毫米。平均年存栏猪 10 万头。以苹果、畜牧为主导产业的农业生产格局已经形成。2012 年农民人均纯收入达到 8 084 元，果品产量达到 59 万吨，产值 35.4 亿元，果业的快速发展，使绝大多数农民奔上了稳定致富道路。

自 2003 年开始，富县先后实施"户用沼气""养殖小区及联户沼气工程""节柴灶、太阳灶、太阳能热水器"和"沼气后续服务"等可再生农村能源项目，截至 2012 年年底，建设完成户用沼气池 1.67 万口，达到农业从业户数的 67%，覆盖全县所有村组；养殖小区及联户沼气工程 53 个；发放太阳灶 2 500 台，节柴灶 1 100 台，太阳能热水器 1 300 台，建成"六有"后续服务点 53 个。目前，项目管理科学，使用正常，使用率达到 90% 以上。由于这些项目建设内容的实施和良好的使用，农村生产、生活环境得到了极大的改善，农业生态环境良好。

（二）技术要点

1. 原理 沼气西北"五配套"模式是从西北地区的实际出发，依据生态学、经济学、系统工程学原理，从有利于农业生态系统物质和能量的转换与平衡出发，充分发挥系统内的动、植物与光、热、气、水、土等环境因素的作用，建立起生物种群互惠共生，相互促进、协调发展的能源—生态—经济良性循环发展系统，高效率利用农民所拥有的土地资源和劳动力资源，引导农民脱贫致富，创造良好的生态环境，带动农村经济持续发展。

该系统以农户土地资源为基础，以太阳能为动力，以新型高效沼气池为纽带，形成以农带牧，以牧促沼，以沼促果，果牧结合，配套发展的良性循环体系。其系统要素是以 5 亩左右的成龄果园为基本生产单元，在果园或农户住宅前后配套一口 8 米^3 的新型高效沼气池，一座 12 米^2 的太阳能猪圈，一个 60 米^3 的水窖及配套的集雨场，一套果园节水滴灌系统。

2. "五配套"模式的单元功能

（1）沼气发酵子系统 是生态果园工程模式的核心，起着联结养殖与种植、生活用能与生产用肥的纽带作用。在果园或农户住宅前后建一口 8 米^3 的高效沼气池，既可解决点灯、做饭所需燃料，又可解决人畜粪便随地排放造成的各种病虫害的滋生，改变了农村生态环境。同时，沼气池发酵后的沼液可用于果树叶面喷肥、打药、喂猪，沼渣可用于果园施肥，从而达到改善环境、利用能源、促进生产、提高生活水平的目的。

（2）太阳能暖圈子系统 是实现以牧促沼、以沼促果、果牧结合的前提。采用太阳能暖圈养猪，解决了猪和沼气池的越冬问题，提高了猪的生长率和沼气池的产气率。

（3）**集水系统** 是收集和储蓄地表径流雨、雪等水资源的集水场、水窖等设施，为果园配套集水系统，除供沼气池、园内喷药及人畜生活用水外，还可弥补关键时期果园滴灌、穴灌用水，防止关键时期缺水对果树生育的影响。

（4）**滴灌子系统** 是将水窖中蓄积的雨水通过水泵增压提水，经输水管道输送、分配到滴灌管滴头，以水滴或细小射流均匀而缓慢地滴入果树根部附近。结合灌水可使沼气发酵子系统产生的沼液随灌水施入果树根部，使果树根系区经常保持适宜的水分和养分。

3. 主体技术要点 水压式旋流布料自动循环沼气池由进料口、进料管、发酵间、贮气室、活动盖、水压酸化间、旋流布料墙、单向阀、抽渣管、活塞、导气管、出料通道等部分组成，利用产气动力和动态连续发酵工艺，实现自动循环、自动搅拌等高效运行状态，主要体现了菌种自动回流、自动破壳与清渣、微生物富集增殖、纤维性原料两步发酵、太阳能自动增温，消除发酵盲区和料液"短路"等新技术优化组装配套，解决了静态不连续发酵沼气发酵装置存在的技术问题。技术关键点有以下三个方面。

（1）旋流布料墙

① 旋流布料墙是实现发酵原料旋转流动、自动破壳、自动循环和滞留菌种的重要装置，用砖在密封好的发酵间内筑砌而成。

② 为保证旋流布料墙的稳定性，底部50厘米处用12厘米砖砌筑，顶部用6厘米砖十字交叉砌筑，以增强各个水平面的破壳和流动搅拌作用。

③ 旋流布料墙半径约为五分之六池体净空半径，要严格按设计图尺寸施工，充分利用池底螺旋曲面的作用，使入池原料既能增加流程，又不致阻塞。

（2）料液循环装置

① 单向阀是保证发酵料液自动循环的装置，可选用1～2毫米厚的橡胶板制作，通过预埋在酸化间墙上的直径8～10毫米螺栓固定。

② 单向阀盖板为双层结构，里层切入预留在酸化间隔墙上的圆孔内，尺寸与圆孔一致，外层盖在圆孔外，两层之间用胶黏合。

③ 水压间和酸化间隔墙上的回流口底部距零压面50厘米。

（3）清渣与回流搅拌装置

① 清渣和回流搅拌装置由抽渣管和抽渣活塞构成，是抽取发酵间底部沉渣和人工强制回流搅拌的重要装置，抽渣管一般选用内径10厘米的厚壁PVC管或陶瓷管。

② 抽渣管采用直插或斜插方式直接和发酵间连通，下部距池底20～30厘米。

③ 应特别注意抽渣管与池体连接处的密封处理，确保此处不漏水、不

漏气。

4. 配套技术要点

（1）沼气池快速启动产气技术　能使沼气池装料后快速启动产气的正确方法如下。

① 备足发酵原料　一口 8 米³ 的沼气池，装料量约为体积的 85%，料液浓度夏季按 5% 计算，一般需要鲜牛粪 3 米³，或鲜猪粪 3.5 米³。需要注意的是，因为新建池第一次进料量大，所以到养殖场拉粪前，要问清粪便是否消过毒，消过毒的粪便不能使用。第一池原料不能用鸡粪和纯人的粪尿启动。

② 原料堆沤　肥料备好后，要将肥料堆放在地面上（土地面最好，水泥地面次之），若肥料干，需分层洒适量的水，以洒湿畜粪、底部不流水为宜，并用塑料薄膜盖严。夏季堆沤时间一般为 3 天，温度控制在 50 ℃ 为宜。防止在堆沤时因为温度过高造成发酵原料碳化，影响使用效果，堆沤好的肥料才能入池。

③ 添加接种物　肥料的来源种类不同，发酵原料中的细菌数量差异很大。因此，加入足够的接种物是保证沼气池产气快、早使用的重要条件之一。新池装料时加接种物的量应为料液总量的 10% 以上。最好能从正常使用的沼气池中取 200～400 千克富含甲烷菌的沼液加入。

④ 加水量　一口 8 米³ 的沼气池，发酵原料为：鲜牛粪的需加水约 3.5 米³，鲜猪粪的需加水约 3 米³。加的水最好是经阳光晒过的温水，不能用直接抽出的地下水。因地下水温度低，故发酵慢、产气慢。一旦处于"冷浸"状态，要改变需要很长时间。

⑤ 密封好活动盖　发酵原料和水加到位后，要注意仔细密封好活动盖，以免漏气或产气过旺冲开活动盖。

（2）温室二氧化碳气肥施用技术

① 增温、增光主要通过点燃沼气灶、灯来解决，适宜燃烧时间为 5:30～8:30。

② 增供二氧化碳，主要靠燃烧沼气，适宜时间应安排在 6:00～8:00。注意放风前 30 分钟应停止燃烧沼气。

③ 温室内按每 50 米² 设置一盏沼气灯，每 100 米² 设置一台沼气灶。

④ 注意事项

A. 点燃沼气灶、灯应在凌晨气温较低（低于 30 ℃）时进行。

B. 施放二氧化碳后，水肥管理必须及时跟上。

C. 不能在温棚内堆沤发酵原料。

D. 当 1 000 米³ 的日光温室燃烧 1.5 米³ 的沼气时，沼气需经脱硫处理后再燃烧，以防有害气体对作物产生危害。

（3）苹果树施用沼肥技术

① 喷施方法　果树叶面喷施的沼液应取自正常产气的沼气池出料间，经过滤或澄清后再用。一般施用时取纯液为好，但根据气候、树势等的不同，可以采用稀释或配合农药、化肥喷施。

A. 纯沼液喷施　果树喷施纯沼液的杀虫效果比稀释液好。喷施纯沼液对急需营养的树还能提供比较丰富的养分。因此，对长势较差、树龄较长、坐果的树等均应喷施纯沼液。

B. 稀释沼液喷施　根据气候以及树的长势，有时必须将沼液稀释喷施。如气温较高时，不宜用纯沼液，应加入适量水稀释后喷施。

C. 沼液配合农药、化肥喷施　当果树虫害猖獗时，宜在沼液中加入微量农药，这样杀虫效果非常显著。据树体营养需要，配合一定的化肥喷施，以补充果树对营养的需要。大年产果多时，可加入 $0.05\% \sim 0.1\%$ 尿素喷施；对幼龄及长势过旺的树、当年挂果少的树，可加入 $0.2\% \sim 0.5\%$ 磷钾肥喷施以促进花芽形成。

② 喷施沼液注意事项

A. 必须用正常产气 3 个月以上的沼气池的沼液。

B. 喷施时不要在中午气温高时进行，以防灼烧叶片。

C. 叶面喷施要尽可能施于叶背，因叶面角质层厚，而叶背布满了小气孔，易于吸收。

D. 喷施量要根据树势等情况确定。

③ 果树根部施肥方法　幼树施用沼肥应结合扩穴，以树冠滴水为直径向外呈环向开沟，开沟不宜太深，一般深为 $10 \sim 35$ 厘米、宽 $20 \sim 30$ 厘米，施后用土覆盖，以后每年施肥要错位开穴，并每年向外扩展，以增加根系吸收范围，充分发挥肥效。成龄树可成辐射状开沟，并轮换错位，开沟也不宜太深，不要损伤根系，施肥后覆土。

（三）推广及效益情况

沼气"五配套"模式在富县 9 镇 1 乡 2 个社区及 1 个中心社区的 240 个行政村推广，已推广 1.67 万口沼气池和 53 个沼气工程。同时，结合"现代农业"项目建设，配套了滴灌设备，虽没有实施集水窖，但由于农村自来水的全面普及安装和沼肥运送车辆的配备，满足了"五配套"技术模式系统要求，年推广面积达到了 15 万亩，也就是每两年全县的苹果树可施用一次沼肥。

沼气"五配套"模式的推广，解决了群众生活用能、生产用肥，达到了节支增收的目的，在解决群众生活用能的同时，促进了产业的发展；特别是在改善土壤结构，增加有机质，提高苹果品质，生产绿色食品上发挥了巨大的作用，做到了建沼与养畜同步，实现了经济与生态双赢。其效益主要表现在以下四个方面。

1. 投资小，经济效益高 建一座"一池三改"沼气池，需总投资 2 700～3 300 元，除国家补助 1 500 元外，农户实际投资 1 200～1 800 元。一口沼气池每年可直接节约煤 2 吨、电 200 千瓦时，计 700 元；节约化肥农药 600 元，合计节约 1 300 元。养猪增收 800 元，苹果增收 2 000 元，合计增收 2 800 元。年增收节支达到 4 100 元。每年全县可增收节支 9 000 万元。

2. 社会效益和生态效益显著 减少了烟尘和有害气体排放对大气污染，治理了"脏、乱、差"，改善了农村卫生面貌；防止了植被破坏，巩固了退耕还林成果；降低了妇女厨房劳动强度，促进了生活质量提高。同时，沼气池的建设是发展循环经济，建设资源节约型社会，促进社会主义新农村建设重大措施，深受广大干部群众欢迎，被农民喻为"富民工程""德政工程"和"民心工程"。

3. 扶贫效果好 农村沼气建设是一次性投资多年见效的生态农业项目，据调查，沼气示范村（点）年人均纯收入增加 550 元，在一定程度说，农村全面建设以沼气为核心的生态农业模式是农民摆脱贫困，致富奔小康的有效途径之一。

4. 沼气池是实现果菜无害化的桥梁 通过沼气池发酵生产的沼肥施用，解决了果园（蔬菜）有机肥源短缺和公害污染的问题，为果菜绿色无公害化生产开辟了途径。据试验，果园使用沼肥提高优果率 20 个百分点，且叶色深绿，叶片变厚，叶重增加，病虫害减轻，产量、质量提高。群众把沼肥称为"魔水魔肥"。例如：北道德乡照八寺"五配套"模式 76 亩果园实施了养殖小区沼气工程，铺设沼液输送管 3 000 米，架设防雹网，果园种草，节水灌溉等农业措施，建成了生态果园，生产了有机果品，2012 年该果园实现产值 90 万元，其中"五配套"模式占到六成以上。

（四）适宜地区

沼气"五配套"模式适宜于西北果菜农业生产区。

（五）技术标准

该模式主要引用了以下技术标准：《户用沼气池标准图集》（GB/T 4750—2002）；《户用沼气池施工操作规程》（GB/T 4752—2002）；《家用沼气灶》（GB/T 3606—2001）；《沼气工程技术规范　第 3 部分：施工及验收》（NY/T1220.3—2006）。

三、南方"猪沼果"模式农户庭院型能源生态建设案例

南方"猪沼果"模式有很多具体的应用形式，如"猪沼栗""猪沼柑""牛

沼粮"及"羊沼鱼"等。这里仅以湖北省罗田县的案例予以剖析。

（一）背景

1. 自然条件　罗田县位于湖北省东北部，地处大别山南麓，该县面积 2 144 千米²，其中耕地面积 38 万亩，山林面积 220 万亩，是全国知名的"板栗之乡"，也是"桑蚕之乡""甜柿之乡"和"茯苓之乡"。"罗田板栗"被评为国家地理标志保护产品。境内多山，素有"八山一水一分田"之称，地势东北高而西南低，最高点为大别山主峰天堂寨，海拔 1 729.13 米，最低点是三里畈新桥，海拔只有 46 米。土壤质地较好，主要是由片麻岩风化而成的砂壤土、中壤土，土壤呈微酸性，营养条件较好，非常适合板栗生长。气候为亚热带季风性湿润气候，年平均气温 16.4 ℃，年平均降水量为 1 370 毫米，多年平均日照时间为 2 047 小时。独特的自然地理状况和气候，为板栗的生长提供了良好的自然条件。

2. 板栗发展现状　近年来，罗田县坚持以市场为导向，以延长产业链条为重点，以促进经济增长为目标，着力推行板栗规模化种植和培植龙头企业，形成了市场牵龙头、龙头带基地、基地联农户的板栗产业新格局。目前，全县板栗面积发展到 100 万亩，年产量达到 3 500 万千克，是名副其实的全国板栗第一县。板栗基地面积 7 万亩以上的乡镇 7 个，板栗年产量 250 万千克以上的乡镇 8 个，年产量 10 万千克以上的村 98 个，年产量 1 500 千克以上、收入过万元的农户 5 000 户。全县从事板栗种植的农户达 13 万户，人均板栗收入 762 元，板栗产值分别占全县农业总产值和地区总产值的 39.6% 和 17.7%，板栗已成为罗田发展县域经济、建设山区经济强县的支柱产业，成为农户脱贫致富最好的项目。

3. 沼气建设与利用现状　目前，全县累计建设户用沼气 2.83 万户，占适宜建沼气农户 10.5 万户的 27%，"三改"配套率达 100%；建设中小型沼气工程 48 处，其中养殖小区 150 米³ 中型沼气工程 3 处；建设九资河镇圣仁堂、白莲河乡叶家冲移民新村、凤山镇丰衣坳、三里畈镇太平桥等 50 余处生态文明示范垸落。同时，积极推广"三沼"综合利用，坚持把沼气建设与发展生态农业相结合，不断探索并初步建立了"猪沼栗""猪沼鱼"和"猪沼菜"等多种立体生态经济模式，特别是"猪沼栗"模式取得了较好的成效，积累了较为成熟和丰富的经验和技术规范。2009 年在板栗生产重点区域推广的"猪沼栗"生态模式项目，荣获罗田县科技进步三等奖。

在"三沼"综合利用上，近年来，罗田县充分利用沼气池上促下带的纽带作用，通过办点示范，成功探索出"猪沼栗""猪沼鱼""猪沼菜"和"猪沼药"等多种立体生态经济模式，形成了以沼促农、以农促沼的良性循环，拓宽了农民增收渠道。充分发挥沼气对农业生产的促进作用，将沼液用作添加剂发展养殖业，提高了饲料转化率；将沼渣、沼液用于板栗、甜柿、药材、蔬菜的生产，有效替代了化肥农药，实现了农产品的无害化生产，提高了农产品品质。通过"三沼"综合利用，极大地调动了农民因地制宜发展特色产业的积极性，带动了罗田县板栗、药材、蔬菜、水产养殖等无公害农业支柱产业的发展，有效推动了特色优质农产品板块基地建设，成功改造升级了"桂花香""油光"等无公害板栗品种和九资河茯苓、大崎贡菊冰茶、匡河鲢等无公害地方特色农产品，增强了市场竞争力。特别是近几年，大河岸镇罗家嘴村、石井头村、汪家嘴村、骆驼坳镇彭家圈村、河铺村，立足板栗分布广、基地规模大的优势，积极推行沼肥种板栗技术，形成了"猪沼栗"生态农业发展模式，使当地板栗栗果更大，色泽更艳，品质更好，储藏更久，增产在15％以上。现在这种生产模式在全县大面积推广，成为农民增收致富重要的生产方式。

（二）技术要点

1. 叶面施肥技术要点

（1）叶面喷施需选择在无风的晴天或阴天进行，并最好选择在湿度较大的早晨或傍晚，不可在雨天或晴天中午气温较高时喷施。

（2）喷施叶面时应侧重于树叶背面，采取自下而上的喷洒方法较为适宜。

（3）结合果树长势确定施肥量和操作技巧：长势差的应重施，长势好的轻施，衰老的树重施，幼壮树轻施，着果多的重施，着果少的轻施；在操作技巧上，需特别注意开挖施肥沟时不能损伤树根，反复开挖时应注意轮换移位。

2. 土壤施肥技术要点

（1）重施采后基肥　选择在板栗采收后重施基肥，一般在10月底前进行。需以树冠滴水为界，环状开挖约70厘米宽的施肥沟，每棵施沼肥70千克（可依据当年果实数量和树冠大小适当增减）。施肥后覆土。

（2）花前施催芽肥　施肥时间为4月，在每棵树冠滴水周围开挖深、宽各30厘米左右的浅沟，施入沼肥后覆土；同时用澄清过滤的沼液，对树冠进行喷施，每隔10天左右一次。

（3）追施壮果肥　栗树挂果后，对栗树施入沼液，同时还要对树冠叶面喷施沼液，每隔10天喷施一次。在果实膨大期再施一次，效果更佳。每片板栗园施肥最好是叶面施肥和土壤施肥相结合。

该模式示意如图2-3所示。

（三）推广及效益情况

1. 推广区域及面积　已有12个乡镇的100多个村的近万户沼气用户自觉

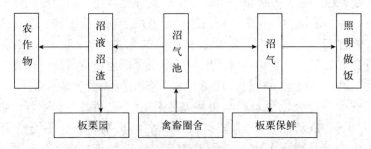

图 2-3 南方"猪沼栗"模式示意图

利用沼肥种植板栗，先行尝到科学管理、科学施肥带来的甜头。特别是沼气项目村和沼气比较集中的地方，群众施用沼肥种植板栗的积极性高、自觉性强，互相问，主动学，掌握技术要领。初步统计，目前沼肥种植板栗面积近 10 万亩，带来了可观的经济效益。

2. 产生的效益 通过试验和对比分析，利用沼肥种植板栗不仅节约投资成本，而且对板栗的叶色、长势、挂果率、品质、单果重、耐储存等方面都有明显的提高和改善。主要表现在以下方面。

（1）成本 施用沼肥比施用化肥和普通农家肥种植板栗，平均每亩地节约化肥、农药支出近 100 元。

（2）栗树叶色和长势 施用沼肥种植的树叶呈深绿色、较宽大，花苔初花期短而成曲状、盛花期粗大略带曲状；施用化肥种植的树叶呈淡绿色、树叶短小。

（3）空苞率 施用沼肥种植的空苞率 0.008%；施用化肥种植的空苞率 0.02%。

（4）单粒重 施沼肥种植的板栗 0.5 千克 45 粒；施用化肥种植的 0.5 千克 51 粒。综合计算，可提高产量 15% 左右。

（5）沼肥 其是一种无公害的优质有机肥，使用沼肥种植板栗，能大大降低种植成本，提高板栗产量，改善板栗品质，这对促进全县板栗产业发展、增加农民收入、调整农业产业结构，都具有十分重要的现实和指导意义，值得大力推广普及。按每亩节约化肥农药种植成本 100 元、每亩平均增产 15% 计算，每年带来的直接经济效益达 1 500 万元。此外，施用沼肥对保护环境、减轻施用化肥农药量，对农村可持续发展和建设社会主义新农村，都具有十分重要的意义。

（四）适宜地区

"猪沼栗"这种生态技术模式，把沼气建设作为先决条件，是以沼气为桥梁和纽带，综合利用沼气的能源效益、沼渣、沼液的高效肥料效益，促进农业生产。就生产技术而言，简单易学，群众一看就会，一学就懂；就适宜地区而言，能够适用于所有板栗产区，尤其是对于交通便利的板栗园，沼肥运输车能直达田间地头，沼液沼渣运输成本低、便于施用，效益更佳。

（五）技术标准

《户用农村能源生态工程　南方模式设计施工与使用规范》（NY/T 465—2001）。

第三章

家庭农场型能源生态建设探索与实践

第一节　国内外发展概况

一、国内发展概况

早在 20 世纪 80 年代末，我国江苏南部地区已经出现了农户的适度规模经营，这是我国家庭农场的雏形。接着，在不少经济发展较快的省市，也涌现出一批实行适度规模经营的农户。这些农户，有的称为"种粮大户"，有的称为"专业养殖户"，实际上就是小型的家庭农场。因为这些大户都是种田或养殖的能手，他们通过承包或转包的方式，取得了较大面积的土地使用权或经营权，并且朝着农业产业化的方向发展。特别是该地区出现个人承包农场，雇用工人生产经营的方式，除了经营种植业外，还从事多种经营。目前，具有一定规模并且实行专业化和集约化经营的家庭农场（牧场、渔场、养鸡场、食用菌种植场等），主要建立在经济相对发达的东南省区和城市郊区。在我国广大农村，家庭农场只是极少数，并不普遍，因而还不是我国农业中占主体地位的经营方式。

但是家庭农场作为一种生产组织形式，它的出现和形成是农业生产发展到一定阶段的必然结果，符合现代农业发展需要，而且也必将为我国农业发展的实践所证明。家庭农场是在坚持家庭联产承包责任制的基础上，对农业生产组织形式的创新，是家庭联产承包责任制的延伸和扩大。在我国，家庭农场的前景是十分广阔的。一是随着我国国民经济的快速发展，大量的农业人口正在向非农产业转移。由于农业劳动力不断减少导致土地相对集中，为农业规模化生产经营提供了前置条件，而继续留在土地上的农民可以承包到更多的土地，以家庭为单位的家庭农场就应运而生了。二是城市人口不断增加，分散、小型的农业生产组织形式已无法满足市场需求量不断增长和对品质的高要求，只有规模化经营，标准化生产，才能满足要求。这些为建立和发展家庭农场创造了外部条件。三是提高农业生产力，农民持续增收的需要。建设社会主义新农村，解决"三农"问题的关键是发展生产力，确保农民持续增收。提高农业生产力的途径，只能是将分散的小农生产改变为较大规模的现代化经营，而建立和发展家庭农场，则是这个过程中的重要步骤。

二、国外发展概况

国外家庭农场是以家庭为基本单位，以适度规模的农、林、牧、渔为劳动对象，以高效的劳动、商业化的资本和现代化的技术为生产要素，以商品化生产为主要目的，以利润最大化为目标，实行自主经营、自负盈亏和科学管理的企业化经济实体。一些经济发达国家农业发展的历史和现状表明，家庭农场是现代农业的一种有效的经营方式。英国是最早建立大农业体制的国家。在这种大农业体制下，存在着很多家庭经营的小型农场。据统计，1851 年的英国，除了占地较多的大中型农场外，占地 40 公顷以下的小型农场仍占耕地总面积的 22％。许多国家在发展现代农业的过程中，家庭经营的小型农场也为数不少。第二次世界大战结束后的几十年里，家庭农场在欧美一些发达国家均得到了很大发展。1988 年，美国政府公布的资料表明：每年农产品销售额在10 000美元以下的小农场，占全国农场总数的一半以上。《纽约时报》载文指出："由农场主及其家庭成员，至多再加 1 名工人经营的农场，是最有成效的生产单位。"由于经济效益显著，家庭农场是当今一些发达国家农业的主体组织形式。

第二节　基本情况和特点

一、家庭农场型能源生态建设模式概念

家庭农场顾名思义就是由家庭经营的、对土地有较充分的使用或占有权、能够自主经营，并具有一定规模的农业生产组织。这种组织形式，历经了市场经济的激烈竞争和长期考验，在求得自身发展的同时，更为世界农业发展做出了贡献，至今仍是发达国家农业生产的主体组织形式。家庭农场的创办和兴起，对发展农业现代化具有现实的意义。农场主实行自主经营、自负盈亏，使利益和责任紧密结合，调动了生产积极性。

家庭农场型能源生态建设，就是根据生态学的理论，充分利用自然条件，在某一特定区域内建立起来的农业生产体系。在这个系统内，因地制宜地合理安排农业生产布局和产品结构，投入最少的资源和能源，取得尽可能多的产品，保持生态的相对平衡，实现生产全面协调的发展。

家庭农场型能源生态建设模式的特点主要如下。

1. 因地制宜　建立在合理和充分利用当地自然资源和自然条件基础上的。

在不同区域范围内，只有对当地特点进行全面的调查和分析，才能更有效地推行家庭农场型能源生态建设。

2. 综合性　家庭农场型能源生态建设与普通农业生产系统的区别，主要在于前者是通过能源利用和经济效益的综合规划来提高生产率的，从而避免了对自然资源的过度消耗和对生态平衡的破坏。

3. 稳定性　包括营养物质和能量平衡的相对稳定和经济效益稳定增长两重含义。营养物质在整个生态系统中的流动是一种循环运动，对于某一特定范围内的生态农场，要尽量把生态平衡维持在一个较好的稳定状况，尽量利用太阳能，使能量在农场中维持一个稳定的输入和输出。农场经济效益的稳定增长是建立在对营养物质和能量动态平衡计算的基础上的。因此，应对多目标的投入、产出与循环进行成本效益分析，选取经济效益最优化方案，以指导农、林、牧、副、渔及其加工工业的生产，达到系统产出的经济效益稳定增长的目的。

一般来说，家庭农场的能源生态建设应遵循以下几个基本原则。

① 它必须是尽可能地包括能源在内的自给系统。农场所生产的粮食大部分用于人的生活和牲畜的饲养。

② 必须是多种经营，具有多样化的环境。

③ 单位面积的净产出要高。

④ 规模大小与地理位置、地形土壤、降水量以及社会经济因素相关。

⑤ 从生态角度讲，农场必须是有发展前途的，或者说具有生态活力。所谓生态活力是指能提供足够的收益以维持农场全部工作的一种能力。

⑥ 农场能加工大部分产品。

⑦ 生态农场的建设必须合乎美学原则。

种养结合生态循环饲养模式就是种植与养殖有机结合，两者相辅相成。畜禽养殖为种植业提供优质的有机肥，农作物又作为畜禽的饲料来源，物质能量在动植物体间充分利用，形成良性循环链。该模式既解决畜禽粪便资源化利用，保护环境，又降低生产成本，提高了经济效益。随着我国养殖业快速发展，主要畜禽产品，如猪肉、禽蛋连续十几年保持世界第一，禽肉产量也已达世界第二位。但畜禽粪便污染问题成为阻碍畜牧业发展的瓶颈，规模化养殖造成的污染已相当于全国工业污染的总量，成为目前我国最为严重的污染问题之一。据国家环保部对我国规模化畜禽养殖业污染情况调查，从畜禽粪便的土地负荷来看，我国总体的土地负荷警戒值已经体现出一定的环境压力水平，而目前经过环境影响评价的养殖场还不到总数的10%。可见畜禽粪便的科学处理已迫在眉睫，只有实现粪尿资源化利用，变废为宝，开展种养结合生态循环模式，才能有效解决养殖造成的有机污染问题，根据家庭农场生产特点，将"能源生态技术"与"家庭农场经营模式"相结合，这既是现代发展的必由之路，也是我国发展生态循环农业的需要。

按照生态学的观点，大力开发替代能源是必须的，如沼气、风能、日光能技术的引进和运用。因此，要从实际情况出发，逐渐完善配套新的无污染的能源系统，解决有机肥料的液化运输及有机肥还田的问题，从而使种地、养地达到统一，形成平衡稳定的良性生态循环系统。

二、国内外家庭农场型能源生态建设模式现状

（一）国外现状

国外家庭农场能源生态建设的发展最早可以追溯到 1909 年的有机农业的兴起。20 世纪 70 年代后，许多国家开始开展生态农场的建设，特别是欧盟国家大力发展生态农业，禁用化肥农药。自 20 世纪 90 年代以来，当人类面对日益严峻的环境和资源问题时，发达国家正在把发展循环经济，建立循环型社会视为实施可持续发展战略的重要途径和实现方式，以德国和日本最为典型，并制定了相关的法律。随后，欧盟诸国、澳大利亚、美国、加拿大等国积极响应。目前，国外已将循环经济应用于农业，开展循环农业的建设和试点工作，积极调整和优化农业生态系统内部结构及产业结构，提高农业系统物质能量的多级循环利用，严格控制外部有害物质的投入和农业废弃物的产生，最大限度地减轻环境污染，使农业生产经济活动真正纳入到农业生态系统循环中，实现生态的良性循环与农业的可持续发展，这是国际农业发展的潮流和趋势。

菲律宾玛雅农场的生态建设模式具有一定的代表性。玛雅农场位于菲律宾首都马尼拉附近，经过 20 年建设，农场的农林牧副渔生产形成了一个良性循环的农业生态系统。玛雅农场的前身是一个面粉厂，经营者为了充分利用面粉厂产生的大量麸皮，建立了养畜场和鱼塘；为了增加农场的收入，建立了肉食加工和罐头制造厂。随着农场的发展，他们又扩大了生产规模，为了控制粪肥污染并循环利用各种废弃物，他们陆续建立起十几个沼气生产车间，每天产生沼气十几万立方米，提供了农场生产和家庭生活所需要的能源。另外，从产气后的沼渣中还可回收一些牲畜饲料，其余用做有机肥料，产气后的沼液经藻类氧化塘处理后，送入水塘养鱼养鸭，最后再取塘水、塘泥去肥田；农田生产的粮食又送面粉厂加工，进入又一次循环。像这样一个大规模农工联合生产企业，不用从外部购买原料、燃料、肥料，却能保持高额利润，而且没有废气、废水和废渣的污染，这样的生产过程符合生态学原理，合理地利用资源，实现了生物物质的充分循环利用。

（二）国内现状

我国是个传统的农业大国，在古代，人们自觉地遵守生态学原理，主要依

靠手工劳动和精耕细作的种植业、畜牧业和水产养殖业，重视农牧结合，使用有机肥，形成了传统的循环型农业生态体系，维持体系的物质和能量平衡。20世纪初，美国的农学家金氏（F. H. King）著有《四千年的农民》一书，指出中国传统农业兴盛不衰的秘密在于善于利用时间和空间提高土地的利用率，并以人畜粪便和一切废弃物塘泥等还田培肥地力。现代开放式农业生态系统，为满足日益增长的人类的需要，打破了封闭的传统农业生态体系。长期以来我国的农业组织形式种植业与养殖业自成体系，各自发展，忽视农业发展需要的生物多样性和物质能量循环链，使农业内部物质能量循环流动的链条中断，物质能量大量流失，并对环境构成威胁和压力。为了改变由原始农业和传统农业进入现代农业后所带来的一系列问题，顺应国内外农业发展的趋势，我国先后开展了一系列的研究、探索和试点推广工作，并先后提出了生态农业、有机农业等先进模式，以实现农业的可持续发展。20世纪80年代初，以生态学家马世骏教授为首的一批科学家和以边疆为首的一批农业领导者提出"中国生态农业"概念，使农业生产与资源的永续利用和环境的有效保护紧密结合起来。2002年陈德敏等在总结了农业的发展趋势和国际农业的发展潮流的基础上，首次提出发展循环农业，要在生态农业的基础上走循环经济的道路。

目前，国内家庭农场能源生态建设主要体现在农业的生态循环和可持续发展。国内广泛开展了一系列循环农业的研究和试点工作，在已发展的生态农业的基础上进行生态整合、生态链联结、模式转换、试验家庭型循环经济等。循环农业是新型的、先进的经济形态，是清洁生产和废物利用的综合，是集经济、技术和社会于一体的系统工程。要全面推动我国家庭农场型能源生态建设的发展，需要不断研究、摸索、实践和总结经验。

上海松江率先推出家庭农场型能源生态经营模式。农民按照自愿并且可以获得报酬的方式，将自家的耕地交给村集体并且由政府投资对耕地进行管理、建设，然后村集体将农田承包给种田好手，政府投资猪场、发酵池，农场主需要种好地养好猪，才能拿到相应的费用。自2007年下半年开始，上海市松江区在较高的农村劳动力转移率的前提下，重点培育以农户家庭为基本单位，实现规模化、专业化、集约化经营的"家庭农场"，通过"依法、自愿、有偿"的农用地规范流转机制，把农用地向真正有志于务农的专业农民适度集中。

湖北省武汉市按照现代都市农业发展要求培育家庭农场，主要有四种类型：种植业家庭农场、水产业家庭农场、种养综合型家庭农场和循环农业家庭农场。武汉市采取了"先建后补"政策，不断健全和创新土地流转机制，在推动土地向龙头企业集中的同时，还鼓励一些有文化、懂技术、会经营的农民通过承租、承包、有偿转让、投资入股等形式，集中当地分散土地进行连片开发，开展家庭农场型能源生态建设。

吉林省延边朝鲜族自治州从 2008 年起，在当地大量青年劳动力外出国打工导致农村地区"空心化"比较严重、土地分散经营较为突出的背景下，在全州范围内着力推广"家庭农场"模式，鼓励农村种田大户、城乡法人或自然人，通过承租农民自愿流转的承包田创办土地集中经营的经济组织，在贷款贴息、农机具购置补贴、农作物保险保费、资金支持等方面给予扶持，大力开展家庭农场型能源生态建设。到 2012 年 5 月为止，延边经农业部门认定、工商部门注册的"家庭农场"共有 439 家。

浙江省宁波市在 20 世纪 80 年代中后期，就有了家庭农场的雏形，出现了一批粮田适度规模经营大户。90 年代后期，随着效益农业发展步伐加快，农业结构不断调整优化，出现了一批从事蔬菜、瓜果、畜禽养殖等多种经营的规模大户，一些大户在市场经济大潮中自发或在政府部门的引导下，将自己的经营行为进行了工商注册登记，以期寻求法律的保护。进入 21 世纪，尤其是近几年得到了迅速发展，大多都是通过承租、承包、有偿转让、投资入股等形式，集中当地分散的土地进行连片开发后发展起来的，经营的项目涉及粮食、蔬菜瓜果、畜禽养殖等领域。有些家庭农场还因地制宜，借助当地独特的农业资源、田园风光等优势，发展休闲观光农业。

安徽省郎溪县从 2007 年开始发展家庭农场，几年来围绕粮食、畜禽、水产、林业、茶叶等主导产业，大力培育以家庭农场为主要形式的新型农业生产经营主体，将本来分散在各家各户的田地、荒岗向种田能手、致富能人集中，有效地推动了农业发展、农民增收。

国内外家庭农场能源生态建设模式给我们提供了借鉴，但不能照搬，必须根据各地的情况因地制宜地制定适合家庭农场的生态模式。

三、家庭农场型能源生态建设模式的特点

(一)多业结合　集约经营

家庭农场型能源生态建设是多业结合，包括农业内部和外部各因素的全方位联系，实行集约经营，扬长避短，发挥优势。通过模式单元之间的联结和组合把动物、植物和微生物结合起来，加强物质循环利用，形成完整的生产循环体系，达到高度利用有限的土地、劳动力、时间、饲料、资金等，从而实现集约化经营，获得良好的经济、社会和生态效益。

(二)配置资源　增收增效

对土地、空间、能源、动物粪便等农业生产资源进行最大限度的开发和利用，对可更新资源合理利用与增值，对不可更新资源合理利用与保护。家庭农场能源生态建设措施必须达到生态上适宜，技术上可行，经济上合理，有明显的生态、经济和社会效益。

（三）物质循环　多级利用

在家庭农场型能源生态建设中，要根据生态学原理合理设计食物链，使生态系统中的物质和能量被分层多级利用，使生产一种产品时产生的有机废弃物，成为生产另一种产品的投入，使废物资源化，提高能量转化效率，减少环境污染，形成一个良性循环系统。

（四）生态化，立体化，高效化

家庭农场型能源生态建设的生态化，就是应用生态学食物链原理开发宏观与微观生产的物资良性循环、能量多级利用的再生资源高效利用技术，提高资源利用效率，实现物资流动的良性循环，增强可再生资源利用与环境容纳量的持续性。

家庭农场型能源生态建设的立体化，就是在农场的设计工程中，充分利用地下、地表和空中的空间，使空间达到最大限度的合理利用。

家庭农场型能源生态建设的高效化，可以从两个方面理解。其一是农场系统运行效率高，主要体现在利用各种技术接口，强化系统内部各组成部分之间的相互依赖和相互促进的关系，从而确保整个系统运行的高效率；其二是农场系统的效益高，系统的生产严格遵循自然规律，实现生态化生产，农产品的品质和产量就得到了提高，从而保证系统的高效益产出。

四、家庭农场型能源生态建设模式的意义及重要性

实现农业现代化是我国农业发展的必由之路。在我国现行的以家庭承包经营为基础、统分结合的双层经营体制下，我国农业是很难走向现代化的。中共十六大报告指出："有条件的地方可按照依法、自愿、有偿的原则进行土地承包经营权流转，逐步发展规模经营。尊重农户的市场主体地位，推动农村经营体制创新。"

中共十八大报告首次把生态文明建设纳入中国特色社会主义事业总体布局，提出了建设美丽中国、实现中华民族永续发展的重大任务。随着农业的生态功能凸显，加快转变农业发展方式、实现农业可持续发展日益成为生态文明建设的重要内容。当前，我国农业在持续较快发展的同时，也面临资源约束趋紧、投入品过度消耗、环境污染加剧等严峻挑战。要牢固树立尊重自然、顺应自然、保护自然的生态文明理念，加快转变农业发展方式，充分发挥农业生态功能，大力发展绿色农业、循环农业，促进农业节本增效，这既是可持续发展的要求，也是提高农业效益的需要。要珍惜土地、保护良田，尽快形成节约资源和保护环境的农业空间格局、发展模式、生产方式和生活方式，坚定不移地走生产发展、生活富裕、生态良好的文明发展之路。大力开展家庭农场型能源生态建设具有重要意义。

（一）降低粮食种植成本

我国农业种养分离的生产方式，导致土壤有机质下降，土地质量退化。农民种地大量依赖化肥，致使我国成为世界上化肥用量最高的国家。由于化肥使用量大和利用率低，提高了农民种粮成本。当前，化肥、农药、柴油等农用生产资料不断涨价，种粮成本上升导致农民种粮收益下降。化肥、农药、柴油都是石油衍生产品，在国际石油价格不断上涨的大背景下，化肥等农用生产资料价格上涨是国际化因素主导的大趋势。农业高成本是石油农业的必然结果。为防控石油涨价导致的化肥农药价格上升，必须下决心转变中国农业生产方式。在粮食产区推行家庭农场型能源生态建设，实施循环农业生产方式，用农家有机肥替代部分化肥，减少化肥使用量，摆脱对化肥的依赖，降低农民种粮成本，保护农民种粮积极性。

（二）降低养殖成本

种植业与养殖业具有互补性和兼容性，通过对传统农户的扶持再造，让农民从事种养两业复合型产业。在各自承包的田边地头开展养殖活动，在林地果园中养鸡、养猪、养牛、养羊，在稻田里养鸭，在玉米地里放牧养鸡，把种植业与养殖业有机组合在一起。农户利用自家耕地（林地、草地）种植饲草饲料，降低了种养两业分离导致的过高交易成本。推行种养结合型家庭农场，农户把小型规模化养殖活动安排在田间林地里。这样饲草饲料可以就近饲喂，牲畜粪便也就近施入农田，节约运输人工等资源，降低养殖业成本。

（三）提高农户综合收益

21世纪的消费潮流是绿色，由于消费者为顺应绿色消费潮流，必须培育绿色品牌。家庭农场型能源生态建设，为提升附加价值提供品质支撑，为培育健康安全放心农产品品牌提供内涵。农户实行种植业与养殖业一体化经营，能够利用肉蛋奶价格上涨机遇（这是长期趋势），让粮农通过养殖业获得综合收益，增强农户的经营实力。推行家庭农场型能源生态建设，农户可以多业结合，在市场博弈中掌握更多的资源和规避市场风险的工具。如在玉米价跌时，可以利用手中的玉米饲养畜禽，利用当前畜产品行情好的机会提高综合收益。

（四）实现多点分散饲养，有利于疫病防控

家庭农场型能源生态建设中，农户在田边地头分散饲养畜禽，符合"多点饲养"的生物安全要求，畜群之间在地域上互相拉开距离，由绿色植物进行间隔，以农作物草地等作为天然隔离带，形成天然防疫屏障，进行生态化防疫。农户小型规模化饲养畜禽，缩小了猪禽种群单位数量，群与群之间也拉开距离，能够有效防止疫病集中暴发扩散。畜禽在空旷农田区域饲养，具有良好的养殖环境。

（五）实现粪尿资源化利用

规模化养殖场或集中化的养殖小区，大量集中排放粪便污物，造成局部区域环境过量超载。家庭农场型能源生态建设可以把种养活动结合在每个农户中，结合在每块农田里。这样，养殖活动就从农民的庭院里迁移出来，不再污染村庄庭院环境，解决了养殖垃圾对村庄庭院的污染问题，有利于建设村容整洁的新农村。畜禽粪便作为肥料，就近施入自家农田，提高了土壤有机质，形成农业循环生产方式。

（六）实现农业生产集约化、专业化、规模化、产业化经营

农业集约化经营需要耕作的勤奋、细心和专注，这点只有家庭农业经营才能做到，而且促使土地耕作集约化的各种先进要素，如良种、化肥、农药等，就其性质而言，具有高度的可分性，因而家庭经营和集约化经营是相容的。由于经营和农民家庭生计有密切关系，就形成了家庭农业经营的坚韧性和持久性。

从从业人员的专业化来看，农业是综合性很强的产业，现代农业对生产经营者的素质要求很高，传统农业的生产知识远远不能满足现代农业生产的需要。现实中，我国农民不仅科学文化素质低，懂市场会经营的也很少。随着土地向规模经营者集中，家庭农场逐步建立起来，大部分农民会被淘汰，而留在第一产业的家庭农场经营者，为了自身利益，会主动积极学习专业知识，以适应现代农业发展的需要。从区域经济的专业化来看，农业与自然环境关系密切，一个地区有适应一个地区的动植物，家庭农场经营者是商品生产者，为了提高经济效益，必然会专门生产适宜本地区或本农场经营的产品促进农业生产向区域化、专业化分工方向发展，打破现在"大而全、小而全"的生产格局。

家庭农场有利于规模化经营，家庭联产承包责任制在解决农民温饱问题之后，随着农村市场经济的发展，其局限性显露无遗，主要是双层经营体制中"统"的力量相对较弱，分散经营的农户很难集中有限的物力、财力实现农业的规模经营和进行社会化服务体系建设，而越来越小的土地经营规模和极为零碎分散的土地资源配置，严重制约着土地的正常经营，获得规模效益更无从谈起。通过建立土地使用权或承包经营权的流转机制，促使土地相对集中，从而建立起家庭农场经营体制，可以推动农业适度规模经营，提高农业效益。家庭农场有利于产业化经营，目前的家庭经营决策分散、土地经营规模小、产品品种杂而数量小、销售运输半径小、抗风险能力低，是一种不能与现代化大生产和大市场相对接的生产组织形式。在中国现行家庭经营和土地承包30年不变的农业基本政策情况下，大力发展农业产业化是解决小生产和大市场对接的有效形式。由于信息不对称，生产加工企业和经销企业在同一家一户分散的农民进行合作时，往往容易损害农民的利益，致使农业产业化发展进程缓慢。家庭

农场经营有利于在农业中推行现代企业制度，使农业摆脱一家一户和家庭式的经营管理，农场之间的联合逐渐取代通过行政手段撮合的农业企业，解决了农业企业利益环节多、效益低下的问题，克服了农业产业化发展的障碍。此外，家庭农场通过应用现代经营管理理念从事生产经营活动，有利于创造农产品的品牌和保持品牌，从而提高我国农产品的市场竞争力和国际竞争力。

第三节　主要建设内容与技术要求

一、家庭农场型能源生态建设条件与要求

（一）政策环境

2013年中央1号文件提出，鼓励和支持承包土地向专业大户、家庭农场、农民合作社流转。其中，"家庭农场"的概念是首次在中央1号文件中出现。2014年中央1号文件提出：促进生态友好型农业发展。加大农业面源污染防治力度，支持高效肥和低残留农药使用、规模养殖场畜禽粪便资源化利用、新型农业经营主体使用有机肥、推广高标准农膜和残膜回收等试点。

近年来，我国坚持科学发展观，农村经济取得快速发展，工业反哺农业、城市反哺农村的力度逐年加大，为现代农业发展、推进家庭农场发展提供了强有力的资金保障。

1. 政策上需予以扶持和保护　一是切实减轻家庭农场主的负担，杜绝乱集资、乱摊派、乱收费等吃农、坑农现象的发生；二是政府加大对农业的投入，扶持水利、电力、交通、通信等农业基础设施建设，改善家庭农场的生产条件，增强抵御自然灾害的能力；三是在信贷税收等方面对家庭农场主采取优惠政策。

2. 农村富余劳动力基本实现非农转移　集中一部分农户的土地必须有一个前提，即他们能向非农产业或城镇转移，能获得较稳定的非农业收入，有了生活保障，才会放弃和转让土地的使用权。一般地讲，要求农村剩余劳动力转移至非农产业的比重为60%以上，农户收入60%以上来自非农产业才行。通过实施非农就业，真正在土地上劳作的农民很少，使扎根农业的农民可以扩大规模，发展家庭农场。非农就业农民流转拥有经营权的土地，得到土地流转费，土地归属不变。

3. 土地规模化经营程度不断提高　家庭农场同分散的农户家庭经营最根本的区别在于家庭农场的规模远远大于一般农户家庭，而这首先在于土地规模的扩大。如果连起码的土地适度规模都不能实现，那么，机械化作业、专业化生产都会很难进行，也就无所谓"农场"之说，更谈不上农业规模经营和农业现代化。深化农地制度改革，实现土地适当集中，是发展家庭农场的基础。其

基本思路是：在稳定家庭承包制的基础上，明确集体土地所有权、稳定农户土地承包权、搞活土地使用权。具体而言，首先要采取有力措施转移农村剩余劳动力；其次是因地制宜集中土地建立家庭农场。其主要方式有以下几种：一是对"四荒"地采取直接拍卖或承包的方式，鼓励农户开垦拓荒，建立家庭农场；二是社区集体按经济补偿的原则，依照当地实际情况，对进城务工经营的农民，在反租倒包的"租金"方面给予价格上的优惠以集中一部分土地，并包给种田大户，组建家庭农场；三是农户之间自行转包或租种而组建家庭农场；四是人多地少地区可跨地区承包，组建家庭农场；五是对于地广人稀的地区，可实行"两田制"将责任田承包给种田能手，组建家庭农场；六是吸引政府机构分流人员、国有企业下岗职工和转业官兵、城镇居民投身农业，向农业投资，进行开发性的建设，组建新型家庭农场。

4. 农业基础设施设备日渐完善　积极推进基础设施建设，用现代化设施装备农业。主要是搞好农田水利、交通运输和信息通讯等基础设施的建设，为家庭农场的生产经营活动提供可靠的物质保证。

5. 现代农业社会化服务体系不断健全　健全的农村社会化服务体系，是实现服务的社会化和经营的市场化，以及发展家庭农场必需的环境条件。包括美国在内的发达国家的家庭农场，无一不是需要农村市场的中介组织服务的。如日本有农业协同工会、美国有农业推广局和农场主家计管理局及其他市场中介组织。我国农村市场的社会化服务体系主要涉及产前、产中、产后三个层次，大力发展家庭农场必须从以下几个方面健全社会化服务体系：一是不断开拓农业生产资料市场，加强乡、村农业生产资料供应服务组织建设；二是不断完善农业技术开发和推广体系，大力扶持从事农业科技推广的市场中介组织，建立多渠道、多层次的反应灵敏的市场信息网络，准确、及时地搜集和反馈市场信息；三是改革农产品流通体制，发展市场中介组织，把家庭农场同大市场联结起来，开展农产品的收购、储存、运输、加工和销售的配套服务。

6. 不断提高农民生产技能素质　现在许多地方农业、农村发展都面临着"农无传人"的威胁，素质较好的农村劳动力纷纷转向农村非农产业和城市就业，农业经营者的素质普遍不高。这种趋势不改变，农业经营者的素质得不到有效提高，就根本不可能建立起适应市场经济发展要求的现代家庭农场。因此，必须加快农村职业教育事业的发展，以提高家庭农场主及其成员的文化素质、技术素质和商品意识、市场意识及经营管理水平，造就一大批现代家庭农场主。

（二）建设的基本条件

由于各地区资源条件和经济发展程度不同，家庭农场型能源生态建设的基本条件也不尽相同。总体而言，可以归纳为五个方面。

① 家庭农场主必须要有当地农村户籍，年龄在 25～60 岁，以家庭成员为主要劳动力，至少有 2 人常年务农，并以农业收入为主要收入来源。

② 家庭农场主除了要掌握一定的农业生产技术，熟练使用农机具，还要有一定的科技文化素质和管理能力，愿意投资和采用现代农业创新技术，使用先进的农用机械装备，进行专业化、标准化、信息化生产经营。

③ 为保证生产效率，要有适度的经营规模，且土地经营相对集中连片，部分发展态势良好的地区要求稍高。

④ 为保证家庭农场生产经营的规模性、连续性、稳定性，征地年限应长些，不同地区征地期限可以不同，一般应为 3 年、5 年、10 年，土地流转双方自愿，并依法签订流转合同。

⑤ 家庭农场要经过工商注册，有法人代表，保证农产品质量符合法定标准。

二、家庭农场型能源生态建设主要技术

(一)水肥一体化技术

近年来，随着我国经济的发展，资源的快速消耗，我国人均可利用淡水 900 毫米、肥料有效利用率 30％，成为世界上水资源最贫乏、肥料浪费最多的国家之一。我国的水资源占全球水资源的 6％，人均水量仅为世界平均水平的 1/4，其中 50％用于农业灌溉，75％的地区是采用传统的地面灌溉，灌溉水资源利用率只有 43％。此外，我国耕地面积约占全世界的 9％，一年平均肥料使用量约为 5 000 万吨（折合纯肥量），约占全世界肥料消耗量的 35％，我国肥料使用处于高消耗、低利用阶段，肥料资源的大量浪费也带来严重的耕地污染隐患。我国平均肥料利用率比较低，施肥技术比较落后，大多数地区依然使用传统的施肥方式，即撒播式施肥或大水冲施肥料，肥料效率平均降低了 50％。大力发展节水节肥的水肥一体化技术已经迫在眉睫，更成为未来农业发展的必由之路。

水肥一体化技术（图 3-1）是将灌溉与施肥有机结合的一项农业新技术。主要是借助新型微灌系统，根据土壤养分含量和作物的需水、需肥规律，在灌溉的同时将可溶性固体肥料或液体肥料配兑成肥液，与灌溉水一起均匀、准确地输送到作物根部土壤中，供给作物吸收，并且精确控制灌水量、施肥量、灌溉次数和施肥时间，达到"以水调肥"和"以肥促水"的水肥耦合技术。由于灌溉过程主要是根部灌溉，肥料也随水直接被输送到根系的周围，直接被作物吸收利用，极大地减少灌溉和肥料的投入，提高水资源和肥料的利用率，并显著地提高作物产量和品质。

图 3-1 水肥一体化技术

水肥一体化技术的优点如下。

1. 节水 传统的灌溉一般采取畦灌和大水漫灌，水量常在运输途中或非根系区内浪费，而水肥一体化技术使水肥相融合，通过可控管道滴状浸润作物根系，减少水分的下渗和蒸发，提高水分利用率，通常可节水 30%~40%。

2. 提高肥料利用率 水肥一体化技术采取定时、定量、定向的施肥方式。在减少肥料挥发、流失及土壤对养分的固定外，实现了集中施肥和平衡施肥，在同等条件下，一般可节约肥料 30%~50%。

3. 减少农药用量 设施蔬菜棚内因采用水肥一体化技术可使其湿度降低 8.5%~15.0%，从而在一定程度上抑制病虫害的发生。此外，棚内由于减少通风降湿的次数而使温度提高 2~4 ℃，使作物生长更为健壮，增强其抵抗病虫害的能力，从而减少农药用量。

4. 提高作物产量与品质 实行水肥一体化的作物因得到其生理需要的水肥，其果实果型饱满、个头大，通常可增产 10%~20%。此外，由于病虫害的减少，腐烂果及畸形果的数量减少，果实品质得到明显改善。以设施栽培黄瓜为例，实施水肥一体化技术施肥后的黄瓜比常规畦灌施肥减少畸形瓜 21%，黄瓜增产 4 200 千克/公顷，产值增加 20 340 元/公顷。

5. 节省灌水、施肥时间及用工量 水肥一体化技术是依靠压力差自动进行灌水施肥，节省人工开沟灌水及人工撒施肥料的时间。同时干燥的田间地头也控制了杂草的产生，从而节约清除杂草的用工量。此外，由于病虫害减少，喷药及通风过程的人工投入减少。

6. 改善土壤微环境 水肥一体化技术使土壤容重降低，孔隙度增加，增强土壤微生物的活性，减少养分淋失，从而降低了土壤次生盐渍高水位大流量的运行，不仅使轮灌周期缩短，抢占了用水市场，而且减少了输水损失，提高了渠系水利用系数，保证了灌区作物在生育期适时灌水，提高了产量。

（二）农作物秸秆综合利用技术

农作物秸秆是一种重要的生物质资源。秸秆的综合利用，既可缓解农村肥料、饲料、能源和工业原料的紧张状况，又可保护农村生态环境、促进农村经济可持续协调发展。

1. 秸秆还田技术　农作物秸秆还田机械系统（图3-2）包括秸秆粉碎机、高柱犁、秸秆覆盖机等设备，利用该系统将作物秸秆、根茬翻埋入土或覆盖在地表下腐烂，以改善土壤理化性状，培肥地力，提高蓄水保墒能力，提高产量，并减少环境污染和火灾，节约资源，推动农业的可持续发展。秸秆还田后，平均增产幅度在10%以上。

图3-2　秸秆还田

秸秆还田最大的问题在于难以将秸秆犁耕到土壤中。即使秸秆被成功地犁耕到土壤中，在犁沟中的秸秆也可能引发问题，即不能快速分解，在下一次耕作时又露出地表。此外，犁沟中的秸秆也会阻碍作物的根系向土壤深层生长。

秸秆还田方法包括：①秸秆覆盖或粉碎直接还田；②利用高温发酵原理进行秸秆堆沤还田；③秸秆养畜，过腹还田；④利用催腐剂快速腐熟秸秆还田，在秸秆中添加一定量的生物菌剂及适量的氮肥和水，再经高温堆沤，可使秸秆腐熟时间提早15～20天。

2. 秸秆饲料加工机械化技术　秸秆富含纤维素、木质素、半纤维素等非淀粉类大分子物质。作为粗饲料，营养价值低，必须对其进行加工处理。处理方法有物理法、化学法和微生物发酵法。经过物理法和化学法处理的秸秆，其适口性和营养价值都大大改善，但仍不能为单胃动物所利用。秸秆只有经过微生物发酵，通过微生物代谢产生的特殊酶的降解作用，将其纤维素、木质素、半纤维素等大分子物质分解为低分子的单糖或低聚糖，才能提高营养价值，提高利用率、采食率、采食速度，增强适口性，增加采食量。

（1）秸秆饲料的加工技术　主要包括直接粉碎饲喂技术、青储饲料机械化技术、秸秆微生物发酵技术、秸秆高效生化蛋白全价饲料技术、秸秆氨化技术、秸秆热喷技术。

（2）饲料加工的机械设备　主要包括秸秆青贮收获机械（包括割秸机、打捆机)、秸秆粉碎机械（铡草机、揉丝揉碎机)、青贮设备及装料与卸料设备等。收获和粉碎机械是实施青贮技术的主要机械。

3. 秸秆栽培食用菌技术　农作物秸秆含有丰富的纤维素和木质素等有机物，是栽培食用菌的好材料。利用秸秆作为基料栽培食用菌，能较好解决培养基材料影响食用菌生产的问题，增加食用菌生产原料的来源。同时，生产鲜菇后剩余的蘑菇糠可作为有机肥还田。目前，利用秸秆生产平菇、香菇、金针菇、鸡腿菇等技术已较为成熟，但存在技术条件要求较高的问题，用玉米秸和小麦秸培育食用菌的产出率较低。

4. 秸秆固化成型技术　农作物秸秆纤维中的碳占绝大部分，主要粮食作物小麦、玉米等秸秆的含碳量占 40% 以上，其次为钾、硅、氮、钙、镁、磷、硫等元素，秸秆中的碳使秸秆具有燃料价值。国际能源机构的有关研究表明，秸秆是一种很好的清洁可再生能源，其平均含硫量只有 0.38%，而煤的平均含硫量约达 1%。经测定，秸秆热值约为 15 000 千焦/千克，相当于标准煤的 50%。

将秸秆加工成致密的固体成型燃料的原理是将准备成型的秸秆进行揉切粉碎或铡切粉碎，其长度、含水率均在规定的范围内，由上料机将物料输送至成型主机，挤压成型。通过调速和挡料板控制入料量的多少，利用原料含水率和入料量控制成品密度。这样生产出来的颗粒状、棒状或块状等致密成型物就是秸秆成型燃料，一般称为生物质固体成型燃料。

秸秆固化成型技术对推进秸秆资源综合利用，实现秸秆商品化和资源化，对于节约资源、减轻污染、增加农民收入、加快建设资源节约型和环境友好型社会，具有重大的现实意义。

5. 秸秆热解气化技术　秸秆热解气化技术是近年来发展的一项较新的秸秆利用技术，即将秸秆转化为气体燃料的热化学过程。秸秆在气化反应器中氧气不足的条件下发生部分燃烧，以提供气化吸热反应所需的热量，使秸秆在 700~850 ℃的气化温度下发生热解气化反应，转化为含氢气、一氧化碳和低分子烃类的可燃气体。秸秆热解气化得到的可燃气体既可以直接作为锅炉燃料供热，又可以经过除尘、除焦、冷却等净化处理后，为燃气用户集中供气，或者驱动燃气轮发电机或燃气内燃发电机发电。

我国目前生物质气化应用最广泛的领域是集中供气以及中小型气化发电，少量用于工业锅炉供热。农村集中供气工程解决了农作物秸秆的焚烧和炊事用能问题，而生物质气化发电主要针对具有大量生物质废弃物的木材加工厂、碾米厂等工业企业。我国的秸秆气化主要用于供热、供气、发电及化学品合成。

6. 秸秆沼气技术　秸秆沼气是指利用沼气设备，以农作物秸秆为主要原料，在严格的厌氧环境和一定的温度、水分、酸碱度等条件下，经过微生物的厌氧发酵产生的一种可燃气体。秸秆做沼气发酵原料主要是采用小麦、玉米、花生、大豆等作物秸秆，农村常用的秸秆沼气主要分为全秸秆沼气发酵和秸秆与人畜粪便混合沼气发酵。

秸秆沼气技术不但为农户带了较大的经济效益，而且为保护生态环境，减轻环境污染做出了较大贡献。秸秆经发酵后残留的沼液、沼渣是一种无公害的有机肥，使用沼液沼渣的土壤不但酶活性增强，而且土壤理化性质得到了改善，保水保肥能力增强。

7. 秸秆生物反应堆技术　秸秆生物反应堆技术是指秸秆在微生物菌种、净化剂等的作用下，定向转化成植物生长所需的二氧化碳、热量、抗病孢子、酶、有机和无机养料，进而实现作物高产、优质和有机生产。

该技术操作应用主要有三种方式：内置式、外置式和内外结合式。其中内置式又分为行下内置式、行间内置式、追施内置式和树下内置式。外置式又分为简易外置式和标准外置式。选择应用方式时，主要依据生产地种植品种、定植时间、生态气候特点和生产条件而定。

秸秆生物反应堆技术以秸秆替代化肥，以植物疫苗替代农药，密切结合农村实际，促进资源循环增值利用和多种生产要素有效转化，使生态改良、环境保护与农作物高产、优质、无公害生产相结合，为农业增效、农民增收、食品安全和农业可持续发展提供了科技支撑，开辟了新的途径。

（三）生态养殖技术

生态养殖是指根据不同养殖生物间的共生互补原理，利用自然界物质循环系统，在一定的养殖空间和区域内，通过相应的技术和管理措施，使不同生物在同一环境中共同生长，实现保持生态平衡、提高养殖效益的一种养殖方式（图3-3）。生态养殖技术有利于养殖过程中物质循环、能量转化和提高资源利用率，减少废弃物、

图3-3　生态养殖（果园养鸡）

污染物的产生，保护和改善生态环境，促进养殖业的可持续发展。

1. 生态养殖模式　生产上生态养殖的模式很多，大致可归纳为三种类型。

（1）草地、园林模式　在草地自然放牧中，畜禽除了摄食草类植物外，还通过采食各类昆虫、果实、籽种等食物丰富营养成分，是形成优质、绿色农产品的最佳模式。通过林木、果园、作物等植物种植与畜禽养殖结合，利用畜禽

粪便可减少田间化肥农药用量，并保持林果园良好的生态平衡。

（2）立体养殖模式　形象的比喻，就是"水、陆、空"模式。如鸡—猪—鱼、鸭（鹅）—鱼—果—草、鱼—蛙—畜—禽等。通过用饲料喂鸡，鸡粪喂猪，猪粪发酵后喂鱼，或畜禽粪便入池肥水，转化成浮游生物，为鱼、蛙提供天然饵料，塘泥作为农作物肥料，从而形成良性循环的生物链。但因交叉污染因素多，产品安全和质量难以控制。

（3）生物发酵模式　除了以畜禽粪便发酵生产沼气、沼渣和沼液还田为特征的模式外，近年来以"发酵床"为特征的养殖模式正在国内外兴起，其原理是利用锯末、秸秆、稻壳等配以微生物菌剂形成一定厚度的垫料（床），家畜在垫料上生活，垫料里的特殊有益微生物能够迅速降解粪尿排泄物。这样，不需要冲洗畜舍，从而没有任何废弃物排出。垫料清出圈舍就是优质有机肥，从而创造出一种零排放、无污染的生态养猪模式。

2. 生态养殖关键技术

（1）饲料资源化利用技术　饲料资源是饲料工业的物质基础。将各种饲料资源用于饲喂畜禽的过程称为饲料资源化利用。在正常情况下，完全不宜作为饲料或不能被动物有效利用的物质，通过特殊处理使其成为饲料或能被动物有效利用，或者直接增加可利用资源的生产量的过程叫饲料资源的开发。就畜禽生态养殖而言，其核心是高效利用一切廉价、来源丰富和可利用的饲草与饲料资源，通过生态养殖过程形成循环农业模式。

总体上看，我国的饲料资源呈现以下特点：一是资源分布不平衡，玉米和豆粕主要集中在东北，而南方相对较缺乏。鱼粉和肉骨粉等在沿海地区和南方相对较丰富。动物屠宰加工下脚料比较分散，难以收集加工利用；二是非常规饲料资源丰富。除常规的饲料资源外，我国也含有大量的非常规饲料资源如秸秆、工业废弃物或副产品等，通过合理开发利用，这些资源将成为重要的配合饲料原料；三是饲草资源的开发利用前景广阔。通过加强投入、保护草地自然资源、维护草地农业生态系统平衡、合理利用草地、增大高产人工草地面积、推进草业产业化发展，则可大大增加饲料资源，具有重要的战略意义。

（2）粪尿处理技术　我国每年畜禽粪便产生量较大，如果不进行有效的处理，必将进一步导致环境恶化，进而威胁农产品安全。为控制畜禽养殖业产生的废水、废渣和恶臭对环境的污染，促进养殖业生产工艺和技术进步，维护生态平衡，贯彻落实《中华人民共和国环境保护法》《中华人民共和国水污染防治法》和《中华人民共和国大气污染防治法》，国家环境保护总局先后发布了《畜禽养殖业污染防治管理办法》《畜禽养殖业污染物排放标准》和《畜禽养殖业污染防治技术规范》等一系列政策法规。

① 我国畜禽粪污处理方式。

A. 作为肥料　包括自然堆肥（占 90%）、大棚式堆肥、生物发酵塔和干燥等方式。随着我国有机食品和绿色食品的发展，有机肥料的需求量不断增加，用畜禽粪便制作有机肥具有一定的市场前景。但处理不好容易造成二次污染，农业生产用肥存在季节性，一年中有 8～9 个月粪便废水直接外排，能量物质没有得到利用，产业链短，经济效益差。

B. 作为饲料　1967 年美国食品卫生管理部门认为畜禽粪便饲料化不卫生，并发布了政策性法令，各国学者对饲料化的安全性也进行了广泛的研究，认为带有潜在病原菌的畜禽粪便经过适当处理后，再作为饲料是安全的。但由于禽流感的肆虐，为防止禽病对人类造成的危害，不提倡将饲料化作为未来的发展方向。

C. 能源化利用　我国现有的 1 万多个规模养殖场中，已建沼气工程的不足 10%。杭州浮山养殖场、上海星火农场、北京大兴县留民营生态农场是较为成功的范例。在能源短缺的今天，利用农村畜禽粪便资源化处理，发展沼气工程，已成为解决农村用能、培肥地力、防治农业污染、清洁生产的多赢之举。我国具有丰富的农业生物质资源，可以能源化的资源量约为 3.5 亿吨标准煤，发展潜力巨大。今后国家将继续把沼气工程作为生物质能发展的战略重点，进一步完善扶持政策，拓宽原料来源和应用领域，加大建设力度，为改善农民生活和发展农村经济提供优质、清洁、可靠的能源保障。然而，大中型厌氧沼气工程初期投资比较大，占用土地面积较大，综合效益难以实现的问题是需要及时解决的。

D. 用于食用菌的栽培　畜禽粪便中含有丰富的有机质和氮、磷、钾等元素，加入一定的辅料堆制发酵后，可以栽培食用菌。在畜禽粪便中加入含碳量较高的稻草或者秸秆调节 C/N，再添加适当的无机肥料、石膏等，堆制后可作为培养基栽培食用菌。但是这样得到的产品不易储藏保鲜，风险大，劳动力多，菌渣带来二次污染。

E. 采用蚯蚓生物分解处理　此方法投资少，效益高，占地少，与饲料工业、有机肥和环保产业链接，但受季节限制，污水无法充分利用。其他如自然生物处理方法（氧化塘、土地处理和废水养殖）、焚烧等，综合效益不高。

相对于畜禽养殖业的发展速度和污染防治的迫切性而言，这些技术手段的成熟程度还有待于进一步检验，且都不同程度地存在着二次污染、占用土地面积较大、浪费水资源、综合效益不高等缺陷，产业化程度不高，技术保证与服务体系不完善，迫切需要在技术整合、消化、重构和拓展等创新上下工夫。

② 畜禽养殖粪污处理发展趋势。

A. 重构生态工程模式　根据不同的区域特点和不同的养殖品种重构、拓展畜禽养殖粪污处理的生态工程模式，为养殖粪污处理利用产业化提供配套产品。

B. 深化废水厌氧生物处理技术　针对不同类型的沼气池，研究开发特定的菌株和添加剂，提高不同季节的沼气产出效率。

C. 亟待研究沼液梯级利用技术　国内的沼气工程目前普遍以湿法发酵工艺为主，每天产生的沼液是沼渣的6～7倍。沼液的综合利用是沼气工程取得实效的一个关键环节。沼液化学需氧量（COD）一般在5 000毫克/升以上，鱼虾不能直接生存，必须梯级处理后使用。通过建立生物浮岛，利用特定水生植物把COD浓度降低到2 000毫克/升左右，再选择耐肥水、养殖利润高的鱼虾品种实现"以鱼养水"的生态目标，并且将蚯蚓生态滤池技术创造性地引入水产养殖中，建立微生物—植物—动物联合修复的生物修复新模式，实现饵料培养和水质净化一体化的高效目标。

D. 完善蚯蚓生物分解处理技术　利用蚯蚓的生命活动来处理畜禽粪污是一项古老而又年轻的生物技术。粪污通过蚯蚓的消化系统，在各种酶的作用下，能迅速分解、转化成为自身或其他生物易于利用的营养物质，既可以生产优良的动物蛋白，又可以生产肥沃的复合有机肥。蚯蚓粪的资源化利用和产品开发技术有待研究，特别是开发特殊工艺，将蚯蚓粪制成高效除臭剂，有效吸附养殖场异味。

（四）生物防治技术

1. 生物防治技术简介　生物防治包括以虫治虫和以菌治虫。其主要措施是保护和利用自然界害虫的天敌、繁殖优势天敌、发展性激素防治虫害等。是人类依靠科技进步向病虫草害做斗争的重要措施之一。

保护和利用自然界害虫天敌是生物治虫的有效措施，成本低、效果好、节省农药、保护环境。我国20世纪50年代南方柑橘产区引进大洋洲瓢虫防治柑橘吹棉蚧，北方果区引进日光蜂防治苹果棉蚜虫，均取得良好的防治效果。利用瓢虫、蜘蛛、食蚜蝇、草铃虫等大面积防治小麦蚜虫和棉花蚜虫也取得不错进展。

以菌治虫是20世纪80年代新兴的生物防治技术。它是利用昆虫的病原微生物杀死害虫。这类微生物包括细菌、真菌、病毒、原生物等，对人畜均无影响，使用时比较安全，无残留毒性，害虫对细菌也无法产生抗药性，因此微生物农药的杀虫效果在所有防治技术中名列前茅。

昆虫的病原微生物主要是苏云金杆菌等十几科类型，它能在害虫新陈代谢过程中产生一种毒素，使害虫食入后发生肠道麻痹，引起四肢瘫痪，停止进食；有的细菌进入害虫血液后，大量繁殖，引起害虫败血症而死亡。苏云金杆菌防治玉米螟、稻苞虫、棉铃虫、烟素虫、菜青虫均有显著效果，成为当今世界微生物农药杀虫剂的首要品种。

2. 生物防治技术分类

（1）以虫治虫技术　利用自然界有益昆虫和人工释放的昆虫来控制害虫的危害；有寄生性天敌，如寄生蜂、寄生蝇、线虫、原生动物、微孢子虫；捕食性天敌，瓢虫、草蛉、猎蝽、蜘蛛等，最成功的是人工释放赤眼蜂防治玉米螟技术广泛应用。

（2）以菌治虫技术　利用自然界微生物来消灭害虫，有细菌、真菌等，如苏云金杆菌、白僵菌、绿僵菌、颗粒体病毒、核型多角体病毒，白僵菌和苏云金杆菌应用较广。

（3）以菌治菌技术　主要是利用微生物在代谢中产生的抗生素来消灭病菌；有赤霉素、春雷霉素、阿维菌素、多抗霉素等生物抗生素农药已广泛应用。

（4）性信息素治虫技术　用同类昆虫的雌性激素来诱杀害虫的雄虫。有玉米螟性诱剂、小菜蛾性诱剂、小食心虫性诱剂等。

（5）转基因抗虫抗病技术　是国际、国内最流行的生物科学技术，已成功地培养出抗虫水稻、棉花、玉米、马铃薯等作物新品种，但本身还面临许多问题，如对人类的安全性、抗基因的漂移、次要害虫上升为主要害虫等方面的问题仍没有解决。目前，国家正式在我省设立了转基因中试及产业化基地，重点开展了玉米、水稻、大豆、苜蓿等作物的转基因研究，获得了一大批转基因植株材料，其中有转 GNA 基因抗蚜虫大豆品种。

（6）以菌治草　利用病原微生物防治杂草的技术，如我国用鲁保一号防治大豆菟丝子，美国利用炭疽菌防治水田杂草，效果都很好。

（7）植物性杀虫、杀菌技术

① 光活化素类是利用一些植物次生物质在光照下对害虫、病菌的毒效作用，这种物质叫光活化素，用它们制成光活化农药，这是一类新型的无公害农药。

② 印楝素是一类高度氧化的柠檬酸，从印楝种子中分离出活性物质，具有杀虫成分，是目前世界公认的理想的杀虫植物，对 400 余种昆虫具有拒食绝育等作用，我国已研制出 0.3％印楝素乳油杀虫剂。

③ 精油是植物组织中的水蒸气蒸馏成分，具有植物的特征气味，较高的折光率等特性，对昆虫具有引诱、杀卵、影响昆虫生长发育等作用，也是一种新型的无公害生物农药。

（8）生化农药　以昆虫生长调节剂产品为主，随着国外新品种的引进和推广，国内有关科研单位和企业也相继研究开发了一些新品种的生化农药，如灭霜素、菌毒杀星、氟幼灵、杀铃脲等。

（五）沼肥还田技术

1. 沼液、沼渣肥料所含养分状况　　三沼（沼气、沼液、沼渣）的综合利用是沼气建设的核心内容和关键，是家庭农场能源生态建设的有机组成部分，也是生态农业的有机组成部分。它为农村生活用能提供新的能源，还能为农业生产提供大量的优质有机肥，改善农业生态环境，减轻污染，促进良性循环。沼气发酵残留物是由固体和液体两部分组成，在沼气池内，浮留在表面的固体物叫浮渣，中间为液体（中上部为清液，下半部为悬液），通常称之为沼液；底层为泥状沉渣，即沼渣；沼液和沼渣总称为沼肥。沼肥是一种养分含量全面，速效养分丰富，肥效稳长的有机肥。但由于沼肥来自于不同的农户，其养分含量状况与投料种类、投料量、发酵时间、加水量都有很大关系，因此来自于不同沼气池的沼肥其养分含量有差别。

（1）沼液　沼液的主要成分是水分，其总固体含量<1%。虽然沼液养分的绝对含量不高，但由于发酵物长期浸泡水中，可溶性养分自固相转入液相，所以其养分主要为速效性状态。据测定，沼液 pH 为 6.89～7.53，含有机质 4.973～7.492 克/千克，全氮 0.269～1.482 克/千克，全磷 0.022～0.141 克/千克，速效钾 0.093～1.543 克/千克。沼液的矿质元素平均含量为钙>镁>铁>锌>铜>锰。不同季节的沼液其营养成分和有害物质的含量不同，夏季氮磷钾含量比冬季分别提高 48%、25% 和 18%，夏季砷、铅含量比冬季低，但是镉、汞、铬含量要比冬季高。

（2）沼渣　沼渣含有较全面的养分和丰富的有机物，据测定，其中含有机质 360～773 克/千克，全氮 7.8～19.5 克/千克，全磷 2.3～6.09 克/千克，速效钾 6.1～13.0 克/千克；此外，还含有钙、镁、铜、铁、锌、锰、硼等矿质元素；沼渣中的毒性重金属含量在允许范围内，农用安全性较高。

2. 沼液、沼渣作为蔬菜肥料的施用技术　　目前，沼肥已在白菜、生菜、甘蓝、番茄、莴笋、黄瓜、苦瓜、木耳菜、青椒、香葱和豇豆等蔬菜上使用，均获得较好效果。但由于其营养成分及其含量具有不确定性，故在小面积使用未经测试分析的情况下，通常需要将沼液和化肥配合施用，才能取得更加显著的增产增收效果。一般认为，1 个 8～10 米^3 的沼气池产生的沼液和沼渣能够满足 4～5 亩的农作物生长所需要的肥料。

（1）沼液作为蔬菜追肥

① 追肥方法

A. 穴施　在蔬菜根际开沟或开穴，沼液对水 1～2 倍，充分搅匀后施入沟穴内，每亩用原液 1 500～2 000 千克，待沼液完全渗入土壤后覆土。大棚蔬菜用沼液作为追肥时，应严格控制用量，追肥后加大放风量，以防氨气中毒。

B. 浇（淋）施 只适宜露地蔬菜，沼液对水 2～3 倍，充分搅匀后对蔬菜根部淋浇，一般用量为每亩 2 500～3 000 千克；也可对蔬菜地上部分直接浇泼（需经过纱布过滤），但浇施后要用清水冲洗叶面，使蔬菜叶面无污染，每亩用原液 50 千克左右。

C. 喷施 沼液用纱布过滤，对水后喷施蔬菜叶片，嫩叶期对水 2～3 倍，中后期对水 1 倍，每亩用量 50～100 千克。

叶菜类可在蔬菜的任何生长季节施肥，也可结合防病灭虫时喷施沼液；瓜菜类可在现蕾期、花期、果实膨大期进行，并在沼液中加入 3% 的磷酸二氢钾。

② 蔬菜追肥注意事项 开沟（穴）施用一定要覆土，防止降低肥效和烧叶；作为菜田追肥时，一定要从正常产气 1 个月以上的沼气池出料间提取沼液；死池（即不能正常产气的沼气池）的沼液、含有有毒污水的沼液均不能使用；在蔬菜上市一周前，不施用沼液。

（2）沼渣作为蔬菜基肥 采用移栽秧苗的蔬菜，基肥以穴（沟）施方法进行。秧苗移栽时，每亩菜地用腐熟沼渣 2 000 千克施入定植穴内，与开穴挖出的园土混合后进行定植。对采用点播或大面积种植的蔬菜，基肥一般采用条施条播方法进行。对于瓜菜类，例如冬瓜、黄瓜、番茄等，一般采用大穴大肥方法，每亩地用沼渣 3 000 千克、过磷酸钙 35 千克、草木灰 100 千克和适量土混合后施入穴内，盖上厚 5～10 厘米的园土，定植后立即浇透水分。注意事项：沼渣作为基肥时，沼渣一定要在沼气池外堆沤腐熟。

为探索绿色农业发展的路子，克服大水漫灌、盲目施肥引起的水资源利用率低、肥料养分严重流失、环境污染加剧和农产品品质下降等问题，将沼液、沼渣作为蔬菜肥料时，应结合推广水肥一体化滴灌技术，借助压力系统（或地形自然落差）将可溶性固体或液体肥料，按土壤养分含量和作物种类的需肥规律和特点，配兑成的肥液与灌溉水一起在可控管道系统使水肥相融后，通过管道和滴头形成滴灌，均匀、定时、定量浸润作物根系发育生长区域，使根系土壤始终保持疏松和适宜的含水量，同时根据不同蔬菜的需肥特点、土壤环境和养分含量状况以及蔬菜不同生长期的需水、需肥规律进行设计，把水分、养分定时定量、按比例直接提供给作物，把节水与节肥增效有机结合起来。

三、主要生产经营形式

(一) 种植型

1. 规模标准 符合新农村建设和农业产业发展规划，流转土地 10 年以上，具有规范的土地流转合同和土地流转交易鉴证书。种植大田农作物在 100

亩以上，或种植瓜果蔬菜在 50 亩以上，或设施栽培（钢架大棚）在 10 亩以上。

2. 技术标准　有较稳定的技术依托单位，与有关专家建立紧密联系或有正式技术合作协议，田间施肥以农家肥、有机肥、微生物肥料为主，具有绿色防控、节水灌溉、省工省力技术及标准化优质高产高效栽培模式，实行标准化生产。

3. 设施标准　具备一定的农田基础设施（水、电、路、渠、钢架大棚等），具有小型耕作机、收割机、机动喷雾器、害虫诱捕器、太阳能杀虫灯等农业装备，机械化作业水平达到 60％以上；达到土地平整、道路分布合理、沟渠水网配套齐全、电网布局合理的标准，农业抗灾能力较强。

4. 经营管理标准　有家庭农场实施方案并记载经营日志，有固定的农业信息服务，品牌建设、销售渠道较完备；农产品质量安全，有较高品质和附加值；有健全的财务管理与核算制度。

（二）林业型

1. 规模标准　符合新农村建设和农业产业发展规划，土地权属清楚、协议完备，土地流转年限不低于 20 年，林地在 100 亩以上。

2. 技术标准　有较稳定的技术依托单位，与有关专家建立紧密联系或有正式技术合作协议，具有绿色防控、节水灌溉、省工省力技术及标准化优质高产高效栽培模式，实行标准化生产。

3. 设施标准　具备一定的林业基础设施，如植树机、挖坑机、木材装载机等。

4. 经营管理标准　有家庭农场实施方案并记载经营日志，有固定的农业信息服务，品牌建设、销售渠道较完备；林业产品质量安全，有较高品质和附加值；有健全的财务管理与核算制度。

（三）渔业型

1. 规模标准　流转集体养殖水面 10 年以上，具有规范的土地流转合同和土地流转交易鉴证书。标准精养鱼池 60 亩以上养殖。

2. 技术标准　有较稳定的技术依托单位，与有关专家建立紧密联系或有正式技术合作协议，具有先进的绿色防控及测水养鱼技术，名特优养殖品种达到 70％以上；配备增氧机或微孔管增氧、自动投饵机投饵，机械化作业水平达到 60％以上。

3. 设施标准　具备水通、电通、路通条件，水源无污染，水泥护坡，池塘有效水深达到 1.5 米以上，生产用房统一规划、统一设计、整齐美观。

4. 经营管理标准　有家庭农场实施方案并记载经营日志，有固定的农业信息服务，品牌建设、销售渠道较完备；水产品质量安全，有较高品质和附加值；有健全的财务管理与核算制度。

（四）畜牧养殖型

1. 规模标准　生猪：建设猪栏 500 米² 以上，年出栏 200～400 头；或肉牛：建设牛舍 500 米² 以上，年出栏 100～200 头；或蛋鸡：建设鸡舍 400 米² 以上，年存笼 5 000～10 000 只；或肉、鸡鸭：建设鸡或鸭舍 600 米² 以上，年出笼 10 000～20 000 只。

2. 技术标准　有较稳定的技术依托单位，与有关专家建立紧密联系或有正式技术合作协议，具备可靠的动物疾病防控和抗灾技术。

3. 设施标准　应具备固定的场地场房和场区围墙、消毒池，方位朝向地势较好，功能分区明显，畜禽饲养、排污等配套设施齐全。

4. 经营管理标准　家庭农场实施方案并记载经营日志，有固定的农业信息服务，品牌建设、销售渠道较完备；产品质量安全，有较高品质和附加值；有健全的财务管理与核算制度。

（五）种养结合型

1. 规模标准　以家庭为单位承包 100 亩以上的农田，从事水稻、小麦等大宗作物生产经营者，在其承包农田内发展适度规模的生猪或奶牛养殖，农场主既种植农作物又饲养家禽，形成种植业与养殖业一体化生产经营模式。

2. 技术标准　有较稳定的技术依托单位，与有关专家建立紧密联系或有正式技术合作协议，具备绿色防控、节水灌溉、省工省力技术，以及粪尿还田技术、动物疾病防控和抗灾技术等。

3. 设施标准　作为小型种养结合生态家庭农场必须在连片的种植生产区域内，符合区域产业发展总体规划；场址远离村庄，特别是下风区域的民居区；远离交通主干道、垃圾堆场、化工厂和畜禽场等影响农场养殖环境的因素；进出农场不经过或较少经过村民宅前屋后，且路宽 3 米以上并能承载 1 吨的路面，路面架空线不低于 4 米。具备通水、通电条件。

4. 经营管理标准　家庭农场实施方案并记载经营日志，有固定的农业信息服务，品牌建设、销售渠道较完备；产品质量安全，有较高品质和附加值；有健全的财务管理与核算制度。

第四节　不同区域类型特点

按照我国自然条件和农业农村经济发展水平，划分为东南丘陵区、西南高原山区、黄淮海平原区、东北平原区和西北干旱区五个区域。

一、东南丘陵区

东南丘陵区包括上海、浙江、福建、江西、湖北、湖南、广东、海南、江苏、安徽 10 个省、直辖市（其中江苏、安徽不包括淮河以北地区）。该区域共有 763 县（市、区），土地总面积 113 万千米²，总人口 41 360 万人，分别占全国的县（市、区）总数、土地总面积和总人口的 26.7%、11.9% 和 32.4%。

1. 区域特点 该地区属亚热带和北热带气候，雨量充沛，水网密集，种植业集约化程度高，单位面积化肥、农药用量相对较高；养殖业发达，主要以规模化养殖场、养殖专业村和养殖专业户为主，数量多、分布广，部分大中型沼气工程畜禽粪便污染问题相当突出；经济相对发达，人口密度大，农民生活水平较高，生活垃圾、污水产生量大，污染严重。

2. 该区域家庭农场型能源生态建设模式特点 适宜该区发展的家庭农场型能源生态建设模式主要有草—鹅—稻—鸭模式、种—养—加—销一体化模式、猪—沼—果模式、草—鹅—鲜食玉米模式、鲜食玉米—奶牛—龙虾模式、林—草—牧模式、兔—沼—草—果模式、鸭—鱼模式、水稻—蘑菇模式、农林立体间作模式、种（加）菇菌—养—沼模式、种—养—沼模式、种（林、牧）、加—销一体化模式、果—草—牧—菌—沼模式、牛—菌（沼）资源化利用模式、河滩改造生态农业模式、上农下渔生态农业发展模式、龙头企业带动型产业化发展模式、枣粮间作模式、渍潜稻田改良模式、稻田养鱼模式、牧草利用模式、以猪—果树为基础的立体种养模式、玉米—羊（粪）羊鱼生态农业模式、羊（粪）生沼—玉米生态农业模式、户营蚕桑生态模式等。

二、西南高原山区

西南高原山区包括广西、重庆、四川、贵州、云南、西藏 6 个省、自治区、直辖市。该区域共有 618 县（市、区），土地总面积 257 万千米²，总人口 25 039 万人，分别占全国的县（市、区）总数、土地总面积和总人口的 21.6%、27.0% 和 19.6%。

1. 区域特点 该地区属降雨丰富，山高坡陡，居住较分散，种植业集约化程度不高，单位面积化肥、农药用量中等偏上，主要是水土流失造成化肥、农药径流损失；畜禽养殖规模化水平低，以农户分散饲养为主，农村户用沼气发展迅速，普及率相对较高，有相当部分粪便直接排放，容易随地表径流进入环境；经济相对不发达，农民生活水平较低，农村生活垃圾、污水处理利用率低，大部分未经处理直接丢弃或排放。

2. 该区域家庭农场型能源生态建设模式特点 适宜该区发展的家庭农场型能源生态建设模式主要有水土保持型生态农业模式、小流域综合治理型模式、立体农林复合型模式、牧农结合型模式、林果药为主的林业先导型模式、节水农业型模式、果—草—兔模式、猪—沼—作物模式、猪—沼—林（果、茶）模式、生态水产养殖模式、新型山地生态农业模式、生态经济型防护林

（草）模式、退耕还林还草的坡耕地治理模式、花椒—养猪—沼气模式等。

三、黄淮海平原区

黄淮海平原区包括北京、天津、河北、山东、河南、江苏、安徽 7 个省、直辖市（江苏、安徽不包括淮河以南地区）。该区域共有 614 县（市、区），土地总面积 67 万千米²，总人口 35 458 万人，分别占全国的县（市、区）总数、土地总面积和总人口的 21.5％、7.1％和 27.8％。

1. 区域特点 该地区是我国最重要的农产品生产基地，是著名的粮食、棉花、蔬菜和果树产区，粮食作物主要以小麦、玉米为主，集约化程度高，单位面积化肥、农药投入量高，灌溉条件好，地势平坦，化肥、农药淋溶污染相对严重；秸秆资源丰富，剩余量大，秸秆焚烧污染重；我国传统养殖区，牲畜养殖数量大，规模化养殖场、养殖小区、养殖专业户和农户分散养殖共存，粪水污染严重；人口密度大，居住集中，农村生活垃圾、污水大部分直接堆放，污染问题相当突出。

2. 该区域家庭农场型能源生态建设模式特点 适宜该区发展的家庭农场型能源生态建设模式有食物链型模式，种植业、养殖业和加工业联合型模式，林牧果粮模式，果粮畜禽模式，果粮菜禽渔模式，农牧结合复合型生态农业模式，粮经多元种植型生态农业模式，生态旅游业发展模式。

四、东北平原区

东北平原区包括辽宁、吉林、黑龙江 3 个省。全区共有 290 县（市、区），土地总面积 79 万千米²，总人口 10 715 万人，分别占全国的县（市、区）总数、土地总面积和总人口的 10.1％、8.3％和 8.4％。

1. 区域特点 该地区是我国重要的粮食生产基地，种植制度以一年一熟为主，粮食作物主要是玉米、大豆和小麦，蔬菜种植面积较少，降雨量中等，单位面积化肥、农药投入量较低，难以产生地表径流，部分地区存在淋溶污染；农作物秸秆产生量大，相当部分秸秆青贮、氨化用作饲料，存在秸秆剩余问题；畜禽养殖数量和规模较大，规模化养殖场和养殖小区比例高，粪便产生量大、集中，基本不进行处理，大多数贮存后直接用于农田，回填比例较高，存在一定的粪便污染问题；人口密度不大，居住相对集中，农村生活垃圾和污水基本没有处理，直接排放和丢弃，造成了农民居住环境状况恶化。

2. 该区域家庭农场型能源生态建设模式特点 适宜该区发展的家庭农场型能源生态建设模式有立体农林复合型水土保持生态农业模式、水土保持综合治理与生态经济建设结合型、坡耕地等稿活篱笆利用模式、水土保持型生态经济林建造模式、林—果—库—稻立体开发模式、野生生物资源高效利用模式、

"四位一体"生态模式等。

五、西北干旱区

西北干旱区包括山西、内蒙古、陕西、宁夏、甘肃、新疆、青海 7 个省、自治区。该地区共有 576 县（市、区），土地总面积 435 万千米^2，总人口 14 946 万人，分别占全国的县（市、区）总数、土地总面积和总人口的 20.1%、45.7% 和 11.7%。

1. 区域特点　该地区降水量少，多为人工灌溉，气候干燥，冬寒夏暑，昼热夜凉，日夜温差大，种植制度以一年一熟为主，粮食作物主要是小麦、玉米、大豆、马铃薯等作物为主，单位面积化肥、农药投入量偏低，很难产生地表径流，存在少量淋溶污染；养殖业主要是奶牛、肉牛和生猪，以放牧和小区饲养为主，养殖业产生的粪便少，基本没有处理，部分储存后用于农田，污染相对较轻；属经济欠发达地区，农牧民生活水平低，农村生活垃圾和污水产生量少，污染不太严重；农作物秸秆利用率相对较高，但仍存在秸秆露天焚烧问题。

2. 该区域家庭农场型能源生态建设模式特点　适宜该区开展的家庭农场型能源生态建设模式有"种、养、沼"三位一体生态农业模式、高效绿洲生态农业种植模式、果菜型生态发展模式、果苗型生态发展模式、果—草—畜型生态发展模式、农林牧综合发展模式、护—种—牧可持续发展生态农业模式、农—牧结合模式、林—草结合资源开发生态农业模式、节水灌溉农业模式、带状种植或混种的生态农业模式、农林结合型模式、五配套的生态果园模式、养殖型五位一体沼气生态模式、林牧结合型模式、生态经济型林草植被恢复模式、替代产业培育及产业化经营模式、立体种养生态农业模式、沼气能源生态农业模式、高效养殖—沼气池—高效设施农业—无公害农产品生产—市场销售网络的系统模式、高效旱农生态系统模式等。

第五节　典型案例

一、上海市松江区种养结合家庭农场能源生态建设模式

松江区将 2 个种养结合家庭养猪农场做为生猪科技入户的核心示范场，探索小型种养结合生态循环农业发展机制，继而实现增加农民收入，畜牧业粪尿资源化利用，改善农业生产环境和提高农产品品质，为实现我国农业的可持续发展作出有益探索。

（一）模式介绍

通过大量基础性的走访调查和论证工作，形成了较为成熟的推进种养结合

家庭养猪模式的实施方案。种养结合家庭养猪模式必须建立在连片的种植生产区域内，每个农场有100～150亩的耕地与相匹配的农场养猪量，使养猪粪污有充足可以利用和消化的耕地。每个农场设计养猪规模400头，1年出栏3批，年出栏为1 200头。为减少农户的劳动量，种养结合家庭养猪模式主要推行饲养管理和生态环境控制，配备现代化饲养设施及生态环境设施，主要分3部分组成。一是猪舍及防疫消毒隔离设施，主要由猪舍土建、仓库宿舍土建、猪舍钢结构、仓库及宿舍钢结构、防雀网和防疫围栏组成；二是生态环境设施，由储水池、环境控制器、卷帘、防疫沟、尿液收集池、干粪堆积棚及田间发酵池组成；三是环境控制设施，由4台风机、进风窗、湿帘降温系统及电器控制箱组成。

粪尿无害化处理肥田技术是种养结合家庭养猪模式重点主要推行的技术。养猪生产过程中产生的粪尿流入收集池，经过沉淀曝氧无害化处理，使其具有一定的植物营养价值，结合农作物生长特点，将无害化处理的粪尿淌灌或喷灌农田中，这样可以节约肥料和水资源。

（二）效益分析

1. 生产效益分析　2个种养结合核心示范场，具体情况见表3-1。

表3-1　种养结合示范场生产效益

示范场	进苗重量（千克）	料肉比	成活率（%）	代养天数	上市平均重（千克）
农场1	29.5	2.86	99.5	116	113.5
农场2	33.0	2.88	99.5	110	110.4

从结果中发现，第1批次代养肉猪的各项生产指标，在规定时间内都超额完成协议规定的要求，平均料肉比2.87，下降了0.11；平均成活率99.5%，提高了2.5个百分点；在规定时间内，猪平均重超过105千克。

2. 经济效益分析　2个农场第1批次产生的经济效益，具体情况见表3-2。

表3-2　种养结合示范场经济效益（元）

示范场	代养费	饲料奖励	总收入	总支出	净收入	平均月净收入
农场1	20 000	5 068	27 068	8 826	18 242	4 560.5
农场2	19 850	3 841	25 691	9 617	16 074	4 018.5

3. 生态效益分析　从第1批次养殖过程中收集到的干粪和尿污估算，制作简易有机肥22吨/批次，收集尿污516吨/批次。因目前有机肥使用刚开始，还无法测算化肥和农药减量所产生的效益。

（三）小结

在种养结合家庭养猪模式中养猪和种粮为同 1 个经营者，这样解决了养猪的环境问题，将养猪生产过程中产生的粪污在自己的耕地上消化利用，可降低化肥的使用量，提高土壤有机质，改善环境，减少化肥的使用。种养结合家庭养猪模式为农民增收开创了新途径，农民不投入养猪设施和苗猪饲料，只要诚信饲养和认真管理，就可以勤劳增收致富。种养结合家庭养猪模式引导养猪生产向规范化、规模化和标准化的方向发展，淘汰不规范的养猪生产行为，有利于肉食品安全监管，提高肉食品质量，生产出优质安全的农产品。

二、浙江省嘉善县绿缘家庭农场能源生态建设模式

根据社会主义新农村建设和嘉善县科学发展示范点建设的要求，强调农牧业协调发展，种养业良性循环必然是农业增效、农民增收的主题。嘉善县惠民街道绿缘农场应运而生，堪为家庭农场种养结合、良性循环的典型和模板。

（一）基本情况

嘉善县惠民街道绿缘农场成立于 2013 年 7 月，农场现有农田 32 亩，其中抛荒复耕地 22 亩。先后种植梨树 23 亩，常年种植水稻等粮食作物 9 亩。采用套种、轮作等生产技术，梨树田套种毛豆 8 亩；水稻田轮作春花作物小麦，农闲田种植黑麦草，空地种植玉米、蔬菜等。并在梨园内搭建畜禽舍 200 米²，养殖湖羊、肉鸡等，种养结合，良性循环。农场于 2013 年开始养殖湖羊。目前有存栏羊 60 余只，其中公羊 2 只、能繁母羊 40 只、青年羊 20 余只。农场十分重视防疫工作，做好羊口蹄疫、三联四防、羊痘等免疫接种工作；采用自繁自养，每年配种 2 次，全年出售商品羊 60 只左右。湖羊饲料主要采用田间杂草、黑麦草及各种农副产品、秸秆等，适当饲喂精料。羊粪还田作肥料，污水、尿液灌溉梨园。每年蜜梨上市采收完毕，在梨园内养殖肉鸡 500 羽左右，以增加收入。

（二）效益分析

1. 经济效益 农场实行独立经营、独立核算、自负盈亏。充分利用现有劳动力和环境条件的优势，有较强的适应性和灵活性。农产品优质优价，年均毛收入：梨园约 15 万元，水稻 0.45 万元，小麦 0.27 万元，毛豆 2 万元，蔬菜 0.3 万元；养羊销售毛利 6 万元，养鸡销售毛利 0.5 万元，合计收入 24.52 万元（未计算家庭自身劳动力工资）。

2. 社会效益 农场的发展，促进了种养结合、良性循环，各种农副产品得到了充分利用，降低了饲料成本，进而提高了畜产品的质量和产量；畜禽粪污做肥料，污水尿液灌溉农田菜地，保证了优质农产品的供应。农场人员为发展生产和增加收入，主动到专业培训班、农技校学习科学技术和生产知识，有

利于先进科学技术的普及和推广，同时也解决了自身劳动力的就业问题。

3. 生态效益　农场充分利用多层次的生产资源，实施农牧对接和畜禽粪污等废弃物的综合利用，改善了生态环境、保护了水源。房前屋后种树栽花，田地路边种植绿化，美化了环境，保障了农民居住生活质量和身体健康。

（三）典型经验

1. 自然性　农场系建立在合理和充分利用当地自然资源和自然条件种养结合的生态农场，是经全面调查，数年积累和全家人员共同奋斗努力，逐渐规范和完善的家庭生态农场，是为科技致富、勤劳致富的典范。

2. 综合性　农场通过农副产品等综合利用和效益提升、全面规划提高生产效率，避免了对自然资源的过度消耗和对生态平衡的破坏。以农场作为农业生态系统的一个整体，把贯穿于整个系统中的各种群体，包括植物、动物以及周围环境联系起来，通过科学合理的组合，利用环境资源，获得最大农业产量和经济、社会、生态效益。

3. 合作性　农场为嘉善县惠民蜜梨专业合作社的主要成员，通过信息和技术共享，主要产品蜜梨通过合作社统一品牌，统一销售，优质优价。羊场与县内外大型种羊场和养羊基地联系合作，引进优良种羊，精心培育，健康养殖，种养结合，良性循环，增加农场经济效益。

嘉善县绿缘农场是充分利用自然条件建立起来的农业生产体系，因地、因时、因人制宜合理安排农业生产和产品结构，科学布局，投入最少资源，取得最多产品，种养结合，良性循环，保持农业生态平衡，实现生产全面协调发展。

第四章

产业园区型能源生态建设

第一节　国内外发展概况

一、国内发展概况

（一）农业产业园的由来与概念

1. 农业产业园的由来　在农业生产方式逐步由传统粗放型向现代集约型转变的背景下，现代农业产业园区应运而生，它突破了传统农业的格局，为现代农业经济的发展提供了新的增长点。现代农业综合开发示范区即农业产业园是这一发展进程中具有代表性的范例，其开发建设突破传统计划经济向市场经济转变，由传统的粗放经营模式向集约化的效益型方向发展，以科技创新为基础，加快农业和相关产业的结合，形成规模化和特色化的经营特点，从而在纷繁的市场竞争中取得优势地位。在此形势下，国家批准组建、设立各种农业示范区，旨在通过农业产业化、市场化的方式来寻找到破解"三农"问题的有效途径，并更深入的探索农业科技、农业示范基地建设和农业科学技术有效转化的机制与体制，创新组织领导农业的方式和方法，建成一批以农业发展为龙头和对外的窗口，形成各省乃至全国一流的农业综合产业园区的典范（赵燕，2010）。

2. 农业产业园的概念　是指依靠当地独特的农业优势，如农业资源优势、农产品加工优势、销售地理位置优势、科研优势或农业区域地理位置优势等，投放较高资金，投建或引进有规模的相互有密切关联的农产品生产、加工、销售、研发、金融等企业以及配套服务机构，形成现代化产业体系，发挥聚合辐射效应，对当地和周边地区产生重要影响，并且该区域具有良好的生态环境效益和较高的经济效益。从宏观角度看，农业产业园区有利于区域内合理布局和分工，提高农产品生产能力，提高生产效率，增加抵抗市场风险的能力，提升农业综合竞争实力；从微观角度看，农业产业园区建立在专业化的分工协作基础上，以优势产业为主导，形成复合型的产业网络，创造了独有的竞争优势（张敏，2009）。

（二）农业产业园的类型

现代农业产业园区分类的方法有很多种，如可按经济类型、示范内容、按经营方式、按功能等诸多因素分类，在我国现有的农业产业园中，即使是同一类型的园区，名称也不尽相同。农业产业园区形式多样，如无公害农产品基地、绿色食品基地、生态农业园区、农业旅游观光园区、农副产品加工园区、农业试验园区、农业科技示范园区、农业高新技术产业示范园区等，其发展状况从低等到高等，从初加工到深加工，从粗加工到细加工，从低层次技术到高层次技术，从传统农业到高新技术农业都有涉及（周志仪、江婉平，2007）。

为了更好的区分我国农业产业园的类型，我国农业产业园从形式上大约有以下几种类型：农业高新技术产业园、生态农业园、农业旅游观光园、农产品物流园，详见表 4-1。

表 4-1　中国农业产业园的类型

	概　念	功　能	建设目标	例　证
农业高新技术产业园	包括农业示范园、高新农业技术示范园、工厂化高效农业示范园、农业试验基地等。主要指用技术密集的方式生产的农场，以科学技术为先导，企业化管理为手段，多种经济成分并存。它有别于以生产为主的农场和以科研为主的农业科学研究机构	进行生产、经营、科研、示范、培训和推广等多种经济、社会、科学实验活动的新型农业综合实验园区	不仅进行农业生产，也进行研究与发展工作，以寻求用最低成本来达到高价值高质量的生产方式。同时，也可以作为旅游点和教育中心，向参观者展示热带作物及生产方式的现代化	陕西杨凌农业高新技术示范区，是我国唯一的集农业教育、科研、示范推广为一体的现代化农科城。其规划充分体现了国家设立示范区的目的，突出了农、高、产、示四大功能
生态农业园	是将农林生产用地以园区空间形式整合，发挥集聚效应，以优良品种、先进的农业生产技术、实现资源利用和生态保护，改善城市生态环境，增加景观功能、休闲和农业教育功能	农业功能、景观功能、休闲功能、农业教育	以种植业为主产业，利用田园风光和自然生态资源，依托都市内部的经济辐射和都市市场需求，建设融生产性、生活性、生态性于一体的现代化农业体系	青岛恒生源生态农业园，建设面积 4 000 余亩，三面环山一面临海，科学规划建设有十大工程，形成了"田有粮油菜，沟有鱼虾蟹，坝有林果带"的立体生态农业格局，园区设置了精养、粗养、海淡混养的千亩鱼虾池供人垂钓，还有现代化的大型养猪场、农副产品加工生产线、生物秸秆饲料厂、生物有机复合肥厂及生物实验中心等生态设施

（续）

概 念	功 能	建设目标	例 证
农业旅游观光园	这类园区包括观光农业园、休闲农业园、采摘农业园（水果采摘园、蔬菜采摘园、垂钓园等）、生态旅游园、民俗观光园、保健农业园、教育农业园等	生态环保、经济带动、科普、娱乐休闲、社会文化等功能	以农业资源、农村特色、农村自然景观和天然风光为内容，以城市居民为目标市场，开展观赏、体验农作、品尝、购物、休闲、娱乐、度假、健身等各种旅游活动，从而提高农业经济效益，丰富市民的物质和文化生活	北京昌平十三陵水库采摘园，位置处于城市近郊，可以供游客观光游览，设置了采摘、垂钓、品尝等围绕农产品设置农事活动，让人们充分享受田园乐趣。园区的开发成本较为低廉，在原有农园基础上开发，尺度较小，一般由乡村或家庭为单位自行开发建设，农民们在种植农产品的基础上增加了旅游的收入，提高了经济效益
农产品物流园	是把农产品以最快的速度从田间及时的送到消费者的手中，并在农产品的数量、质量、安全、新鲜、花色和品种上，满足消费者的需求；同时保证农产品的畅通销售渠道，减少农户生产的盲目性，降低农户的经营风险，保证农民的收入	产品从产地到消费者手中要完成收购、运输、储存、装卸、搬运、包装、配送、流通、加工分销、产品质量监控和信息活动等一系列环节	拥有完善的物流设施、先进的物流技术以及良好的生态环境	深圳国际农产品物流园，是深圳最大的菜篮子工程，重点布局水果、蔬菜、冻品、干货、茶叶、酒店用品专业区，以及加工配送中心、认证农产品加工配送中心、果蔬深加工中心、肉鱼深加工中心、进出口交易中心等，并配套大型冷库和现代化商务配套区。建筑面积 82 万米^2，总投资 18.4 亿元人民币

（赵燕，2010）

（三）国内农业产业园区发展概况

我国农业产业园区的建设始于 20 世纪 90 年代，随着我国农业结构的调整和农村经济的发展，国内各类农业产业园区如雨后春笋般涌现。农业产业园区建设以其"专业化、规划化、特色化"为我国解决农业问题开辟了新的途径。早期，我国农业园区名称各异，大都是综合园区，而且多以科技产业为主，采用"一区多园"的模式，具有生产加工、示范、培训孵化器、生态观光等功能。

1. 济南市高新农业开发区　创建于 1993 年 6 月，是省级农业高新技术产业示范区。园区 1 000 公顷规划面积被划分为五个功能区：现代种植区、双代养殖区、科研服务区、观光旅游区和加工贸易区。到 1998 年年底，完成投资 2 400 万元。经过 5 年开发建设，区内高科技企业和企事业单位达 23 家，区内企业完成产值 3 亿元，利税 1 200 万元，新增社会经济效益 3 亿元。

2. 陕西省杨凌农科城　这是我国建成的唯一的"农科城"，1986 年由陕西省政府、西北农业大学（现西北农林科技大学）、陕西农业科学院、咸阳市人民政府联合组建，是我国最大的农业科教基地和促进西北农村经济发展的战略要地。1997 年经国务院批准，杨凌又成立了我国农业方面的国家级农业高新技术产业示范区，由科学园区、集中新建区和若干试验基地组成，主要针对西北农业发展问题进行科研。它对西部大开发战略的实施将起到积极推动作用。

3. 厦门闽台农业高新技术园区　福建省农业科学院和厦门市农业科学研究所，利用厦门特区对台、对外联系的有利条件联合建成该园区，占地 36 公顷，开展以农业高新技术为重点的引进、创新和开发及促进农业高新技术的商品化和产业化的科研活动。园区具有研究、引进、开发、经营、贸易、培训、游览、学术交流和科技合作八大功能，并相应创设六个分区，是一个综合性的农业高新技术园区。

随着农业产业化的不断深入，尤其是党中央将"三农"问题作为全党工作的重中之重，出台了一系列有力措施，推动了农业和农村经济的较快发展。国家和各级政府部门在建设农业产业化和农业产业园区这一问题上不断探索和实践，伴随着我国现代农业园区的建设和发展，我国农业产业园区的发展在起点、规模、类型及层次上都有明显的变化，全国范围内涌现出一批先进、高效的特色农业产业园区。

1. 中国农科院国际农业产业园　该产业园位于河北省廊坊汕万庄镇，园区总投资为 34.23 亿元。产业园立足创新试验、示范和产业孵化三大功能定位，根据国际经济科技发展新趋势和我国农业和农村经济发展新要求，以市场需求和市场机制为导向，以全面提升我国农业和农业科技综合竞争力、加速农业现代化进程为目标，以产学研相结合为立足点，创建国际一流的农业高新技术创新试验、成果展示、人才培训和产业孵化的多功能综合平台，打造具有强辐射带动作用的现代农业硅谷。

2. 东莞市农业产业园区　该农业产业园区的建立为广大市民提供放心菜、放心鱼。在农业园区内，绿色食品和有机农产品得到积极的发展，在农产品的整个生产过程中，都按照安全、优质、环保、高效的要求，通过农产品质量标准体系和农产品质量安全监测体系的建设，使园区出产的农产品至少达到无公害农产品的质量标准。同时被纳放全市基本生态控制线和城市绿地系统，力求农业园区的建设和城市发展、生态保护相一致。

3. 南京汕浦口农业产业园区　该园区近年来已形成了农业类、蔬菜类、畜牧类、林业、园艺与旅游类等 29 个不同类型、不同档次的农业产业园和农业基地。涌现了许多集农业科技试验、示范与培训于一体，生产、加工、销售一条龙的产业园区，部分园区已开发融入都市农业、具有旅游农业特色的产业园区。

4. 上海市现代农业园区 根据上海市委和市政府的总体战略部署，上海市郊农业规划建设12个不同类型、各具特色的市级现代农业园区。其中，10个郊区县（区）各建一个，市属农工商集团总公司建设一个，上海实业集团建设一个。除位于崇明东滩垦的上实集团现代农业园区面积较大，总面积超过80千米^2，其他各园区规划建设面积一般在10~20千米^2。园区建设自2000年上半年陆续进入实质性启动阶段，至今已经发展建设了上海孙桥农业园、嘉定农业产业园等知名产业园区（张敏，2009）。

（四）农业产业园区的发展模式

目前，中国农业产业园区建设呈现着多种模式并存，且不断变化发展的格局。按照新阶段农业与农村经济发展的要求，主要有以下发展模式。

1. 政府引导模式 是一个由政府引导创建，各有关部门共建，社会广泛参与的综合发展模式。园区档次高、规模大、功能全，对国民经济和生态环境建设具有重大推动作用。政府的作用主要是制订规划、确定目标、提供优惠政策和基础设施建设，营造创新、创业和招商引资的良好环境；各有关职能部门以项目的形式进行支持；农业科研院校进行科技支撑和人才支持；企业组成产业化经营的主体。如杨凌农业高新技术产业示范区就是按这一模式运行。

2. 龙头企业带动模式 大中型涉农企业根据自身发展需要，采取"公司＋基地＋农户"的形式建立的农业产业园区。园区以龙头企业为投资主体，以实现经济效益为目标，通过与科教单位的结合以及建立自身的研发体系，不断提高科技创新能力和产业化经营水平，形成了以龙头企业为主体的产业链，如山东龙口、广东新兴、新疆昌吉等科技园区均属此类模式。

3. 科研院校带动模式 科研院校为了促进科技成果转化而兴建的农业产业园区。这类模式有两种形式，其一是科研院校着眼于高新技术的研制和开发，推进产学研紧密结合设立的科技园与产业园；其特点是集人才培养、知识创新、成果转化、技术咨询、企业孵化和产业化开发于一体；其二是科研院校实施工程中心带动战略，以市场为导向，以科技成果的工程化、产业化为目标，通过新技术、新成果、新产品进行招商引资联合组建的园区。如国家节水灌溉杨凌工程技术研究中心通过加强技术创新，研制出一整套拥有自主知识产权的新设备、新技术，通过与企业广泛合作，成立了股份有限公司，建立了节水灌溉工程技术装备展示与示范基地，建成了节水设备电子商务信息。

4. 校（院）地合作模式 指科研院校承担国家或省级科技项目，按项目要求建立的试验示范区。建设资金主要来源于课题经费，地方政府提供一定的工作条件和配套资金。园区围绕课题目标任务，以试验、示范和服务为重点，强调社会效益与生态效益（张敏，2009）。

二、国外发展概况

农业产业化和农业产业化园区在发达国家出现较早，但他们没有农业产业园区这一名称，他们与农业产业化相关的概念为"农业一体化"。国外农业产业化的特点是：全国协调统一，无论政府、私人机构都共同努力促进一项产业的发展，使该项目产业快速发展，产品在国际市场占据重要地位并成为知名品牌（张敏，2009）。国外尤其是发达国家农业的发展经历了由传统向现代转变的过程，生产方式也经历了巨大的更替，对农业技术的需求和获取模式也发生了较大变化，其农业园区模式与中国目前的农业科技园区有较大区别，主要包括示范农场、休闲农场和农业科技园。由于各国国情、经济文化发展水平、体制、创建主体等不同，各国农业园区的建设和发展呈现出很大的差异性，这种差异不仅体现在不同国家上，还体现在同一国家不同类型现代农业园区乃至同一农业园区的不同发展阶段。

（一）国外农业园区发展模式

目前，国外的农业园区主要有三种模式，一种是以推广先进适用技术为主体的试验示范基地，称之为"Demonstration Farm"（示范农场）；一种是以进行农业观光、休闲为主体的休闲农场或观光农园，称之为"Vacation（or holiday）farm"；第三种是农业科技园区，主要以科技展示、示范、产业孵化为主体，集中进行农业高新技术的示范、产业开发与培训等。

1. 示范农场　一些发达国家把从科学研究到生产力提高的过程归结为"R3D"，即 Research（研究）、Development（开发）、Demonstration（示范）和 Difussion（推广），示范是这个链式发展程序中不可或缺的重要一环。通过示范，可以证实一项农业新技术或新品种在实际生产中的应用价值；通过示范，可使具有价值的技术成果或新品种得到成功地推广。为实现示范功能，一些国家通过政府的支持，建立了相应的示范农场，如以色列从20世纪70年代以来，通过科研单位和生产基地的结合，针对干旱和沙漠化的生产条件建立了多个以沙漠农业和节水农业为主体的试验示范农场，通过创办专门的基金支持试验示范农场的建设与运营，多年来这些示范农场所取得的成就举世瞩目；日本从20世纪80年代开始建立以"M式水耕法"的无土栽培示范农场、全天候环境控制作物生产的"植物工厂"等多个试验示范农场，开辟了进行农业高新技术示范与推广的良好典范，同时日本爱东町地区开展了农业废弃物的循环利用，实现了环境保护、摆脱能源依赖、提携关联产业、发展旅游观光、复兴农村等多功能目标（许晓春，2007）；荷兰也建立了一些旨在进行农业新技术推广的示范农场，如设在艾德（EDE）市一个叫PTC的示范中心（温室园艺技术示范与培训中心），通过建立各种类型的玻璃温室和配套设施，展示各种温室蔬菜花卉的栽培模式和配套技术体系，供国内外的温室园艺用户参观学习，并进行各种形式的科技培训等，从而实现温室技术的辐射与传播。

2. 假日农场　假日农场主要包括休闲农场或观光农园、森林公园和教育公园等形式，是在都市农业的基础上建立起来的。休闲农场主要以进行农业新技术、新品种、农事活动的展示和农业休闲为主要内容，是一种综合性的观光休闲农业模式，游客不仅可以观光、采果、体验农事活动、了解农民生活、享受乡土情趣，而且还可以住宿、度假、游乐等。农场主、农业企业或农民利用自身的生产设施、场地和生产的产品，结合自然生态、环境、农村人文资源等生态文化特色，经过提升，达到能吸引城市居民和游客对农村与农业兴趣、增加创收的目的。目前这种模式在美国、日本、荷兰、法国、新加坡等一些发达国家以及中国的台湾地区均有一定规模的发展。日本自 20 世纪 70 年代发展起来的"空中菜园""绿色畜牧场""南瓜森林公园"和"花卉公园"等，都属于这种模式。荷兰现在有观光休闲农场 3 500 多家，最为典型的哥肯霍夫花卉公园，每年 3 月 20 日至 5 月 20 日郁金香节期间，吸引世界各地的游客达 100 万人次以上。德国、马来西亚和新加坡等国的"农业公园""市民农园"以及美国迪士尼的"生物园"等观光农业园每年吸引游客数 10 万人，创造了极为可观的经济效益。教育公园除具备上述特征外，重点突出其科普教育的功能，通过农业科技示范和生态农业示范，向游客进行农业科普知识宣传，具代表性的有法国的教育农场、日本的学童农园和美国的耕种社区等（申秀清、修长柏，2012）。

3. 农业科技园　农业科技园区是近年来一些发达国家发展起来的新型模式，一般由政府扶持、大学或科研单位承办，旨在进行农业高新技术的展示、示范和产业孵化等。如美国康奈尔大学建立的农业与食品科技园，是由联邦、州、县、市各级政府支持，康奈尔大学农业与生命科学学院、纽约农业试验站主办的农业科技园。园区面积约 437 亩，规划建筑面积约为 34 875 米^2，一方面作为康乃尔大学农业高技术的展示基地，另一方面为从事食品、农业或生物技术的企业提供产业孵化的平台，集中进行农业高新技术的产业开发。加拿大 Nova Scotia 农业学院依靠自身优势，在当地政府的支持下建立了一个核心面积约为 97 亩、露地试验场地约 728 亩的农业技术园，旨在为大学和农业企业提供一个创新平台，实现企业与大学、市场的连接。荷兰 Wageningen 大学校园内也建立了一个农业产业园，主要为高技术企业构建一个大学、农户、市场的平台，为农业高技术产业化和产业孵化提供展示舞台和窗口。这些园区的显著特征是由政府支持、大学或科研单位承办，为农业高新技术的研发和产业孵化提供平台。

（二）主要国家农业园区概述

"国外农业园"一般为专业性园区，功能定位明确单一，专业性强。对农业科技园区的研究主要是其建设与发展相关基础理论的研究，如区位布局理论、技术扩散理论、产权理论、创新理论、投融资理论、宏观调控理论等，指导园区的宏观空间布局、体制与机制、技术的创新（赵伟，2004）。

1. 新西兰　新西兰是猕猴桃生产大国，数十年以来该国一直将猕猴桃作为一个完整的产业发展。1906 年他们从中国引进野生猕猴桃品种，经过多年研究、改良、培育出世界知名"海沃德"品种，全国规范种植，制定产品标准，收获后，在园区对猕猴桃进行清理、分级、贴标、装盘、包装、冷藏等处理、加工。单果重 70～140 克的猕猴桃分为 9 个等级，每托盘中各级猕猴桃的个数不等，如一级品 25 个，随后各级托盘中的猕猴桃逐渐增多，第九级装 49 个，每盘的重量基本一样，约 3 千克，级别清楚，果形整齐，颜色新鲜。鲜销品占猕猴桃总产量的 80%。数十年来大部分出口到欧洲、日本、美国等地区，每年创汇 2 亿多美元。

2. 巴西　巴西是世界最大橙汁生产国，占世界总产量的 53%，2006—2007 年度生产 65% 浓度橙汁约 130 万吨，大部分出口到美国、欧洲、中国等地，是巴西生要的支柱产业。种植者和加工企业最普遍的合作方式是签订合同，合同保证了果农的销路和加工者的原料供应。合同规定了每箱价格以纽约外汇市场汇率确定。优质甜橙、优良的产地、供应量大、信誉高的生产者可获得较高的价格。现在种植农户成立了自己的组织，和加工企业进行统一的、协调的价格谈判。1980 年出现第二种合作方式，签订收费加工合同，就是租赁果汁加工企业的闲置设备为果农加工橙汁，果农给企业交费，利用他们的设备生产冷冻浓缩橙汁，生产的产品卖给饮料企业或经销商。这种方式对果农的好处主要是在产业链上直接参与国际市场活动，可获得更多的利润，减少对加工企业的依赖，学习加工技术和国际销售知识，提高质量控制能力；对加工企业的主要好处是提高设备利用率，增加原料供应量，加工、销售的计划保证性提高，与果农关系改善。一般是中介机构为果农租赁加工企业的设备，这些中介机构就是橙汁销售者。

3. 美国　美国在农业方面的建设，趋向于农业高新技术的发展，建设了各种农业试验站、试验农场、试验林场等，进行示范推广、研究先进的农业技术，以促进本国农业的发展。如其农业试验站，一方面开发孵化新的农业技术，研究农业出现的问题，将研究成果推广向本地的农业人口；另一方面，解决农户提出的问题和困难。

4. 荷兰　荷兰主要发展设施农业，建立多处设施农业园，将科学技术、生态技术、设施栽培等技术充分融为一体，荷兰农业的特色产品是花卉和蔬菜，其目标是用30％的土地生产出60％的农业产值，并成为了世界高效农业发展的典范。荷兰的鲜花市场世界闻名，经常出口国外，是其国家农业收入的主要来源。

5. 以色列　以色列在农业方面的成就及其先进的科技举世闻名，在恶劣的自然环境下，在极其缺水又缺少可耕地的环境中，其发展沙漠化节水农业，典型的充分利用了科学技术，艰苦奋斗，最终取得了世界的承认，他们的农业发展战略是"以农业实用为目的进行研究和开发"。

6. 新加坡　新加坡注重推广农业高新技术，计划用2 000亩的土地建成农业高新技术示范园，在新加坡这个土地面积仅有682.7千米^{2}的小国，寸土比寸金还贵，但仍保留着国土总面积10.2％的农业用地，具有稳定的绿色产业和生态调节工程。

（三）国外农业生态能源建设

1. 德国农业沼气　德国农业沼气能源生态建设的发展模式具有一定代表性。德国约有70％的可再生能源供应来自于可再生原料，而农业作物占据了可再生原料绝大部分供应份额。德国联邦农业部议会国务秘书Bleser表示："农业将为可再生能源供应做出重要贡献。"

德国第一个农业沼气工程建于1949年，处理农业有机废弃物的沼气工程有98％实施热电联用，2005年德国处理农业废弃物沼气工程约2 700座，用于沼气发电约650兆瓦。德国的农业沼气工程所处理的有机废弃物比较广泛，如畜禽粪便、青贮饲料、过期的残粮、厨余残渣、生活有机垃圾、动物屠宰的废弃物、农副产品加工的废弃物等，或由上述几种有机废物混合配料。德国在生产沼气所使用的原料中，能源作物占46％，动物排放占45％，生物废料占7％，工业残余占2％。而在能源作物中，玉米青贮占76％，牧草青贮占11％，整株粮食青贮占7％，谷物占4％，甜菜占1％，其他占1％。在德国，玉米、小麦、甜菜、草或油菜等植物被成功用于沼气生产，而且沼气产量较高，农场主可以通过出售用沼气生产的电力来投资种植能源型农作物。例如，通过消化能源型农作物（玉米青贮饲料作物）而生产的沼气经过废热发电所获得的电力收入达到每公倾3 000马克，而生产成本为每公倾2 500马克，同时，政府保证农场主在20年内可以通过向电网出售电力来获得稳定收入（沃尔夫冈·腾茨切尔等，2 000）。

德国80％的农场实施种养结合，并尽量使用自己农场的废弃物。由于德国政府严格控制畜牧业与种植业的协调发展，区域性的土地资源基本能消纳所在地的沼气工程产生的沼渣、沼液。德国沼气工程根据处理规模、发酵原料的性质和浓度以及发酵温度等因素选择厌氧消化工艺。处理农业废弃物的沼气及其发电工程的建设目标是以能源效益为主，工程模式比较单一，即沼气用于发电，沼气发酵后的残留物（沼液）经储肥池贮存几十天后，直接由拖拉机罐车运输到田间进行喷灌。一些大型沼气工程的沼液也以还田为主，剩余的沼液采用固液分离，脱水后的沼渣制成有机固体肥料，清液按工艺要求部分循环回流入沼气池，部分经灭菌处理后用作畜舍的冲洗水或再经过进一步处理后排放（颜丽等，2007）。

例如，一个有 500 多头奶牛的奶牛场（德国一般农场平均 450 头牛），其中产奶牛 290 多头，占地 200 多公顷，共 7 个人管理，机械化程度高、机械设备齐全。清粪采用漏缝地板（可收缩的 V 形粪板，不刮时收成直尺型），刮粪后不冲洗水，刮粪由电脑自动控制。牛粪采用沼气系统处理：沼气产热并发电（另加上 800 千瓦太阳能发电），沼气池内保持 38 ℃，电与热循环用于维持发酵池温度；沼液作为肥料还田（廖新俤，2013）。

2. 丹麦秸秆气化发电　丹麦在农作物秸秆和农林废弃物直燃发电方面成绩显著，对于农作物秸秆和农林废弃物资源的利用则倾向于直燃热电联供。《联合国气候变化框架公约》及《京都议定书》分别于 1992 年和 1997 年出台后，为建立清洁发展机制，减少温室气体排放，丹麦进一步加大了农作物秸秆等农林废弃物资源和其他清洁可再生能源的研发利用力度。丹麦 BWE 公司率先研发秸秆原料燃烧发电技术，迄今在这一领域仍是世界最高水平的保持者。到 2010 年，丹麦全国有 130 多家秸秆发电厂，秸秆发电等可再生能源占到其全国能源消费量的 24％以上，曾依赖石油进口的丹麦，1974 年以来 GDP 稳步增长，但石油年消费量比 1973 年下降了 50％（詹慧龙，2010）。丹麦南部的洛兰岛马里博秸秆发电厂，采用 BWE 公司的技术设计和锅炉设备，装机容量 1.2 万千瓦，总投资2.3 亿丹麦克朗。从 1996 年年底开工建设到 1998 年年初竣工运营，电厂实行热电联供，年发电 5 000 小时，每小时消耗 7.5 吨秸秆，为马里博和萨克斯克宾两个镇 1 万户 5 万人口供应热和电。BWE 秸秆发电技术现已走向世界，被联合国列为重点推广项目。瑞典、芬兰、西班牙等多个欧洲国家均建成了由 BWE 公司提供技术设备的秸秆发电厂，其中位于英国坎贝斯的秸秆能发电厂是目前世界上最大的秸秆发电厂，装机容量 3.8 万千瓦，总投资约 5 亿丹麦克朗（赵伟，2009）。

3. 荷兰日光温室设施农业　荷兰位于西欧北部，面临大西洋的北海，属于典型的温带海洋性气候。日平均太阳辐射量 11 月为 1.8 兆焦/米^2，6 月份为 18.6 兆焦/米^2，历年平均日照时数为 1 484 小时（杨其长，2006）。20 世纪60 年代荷兰政府以节约土地提高土地劳动生产率为目的，调整农业结构和生产布局，使农业生产向专业化、集约化和机械化发展。至 70 年代在全国范围内实行了用资金替代土地发展高效农业的重要措施。温室农业通过从私人、银行和国外贷款中获得大量资金迅速发展起来，在 7％的耕地上建立起面积达 1

万公顷、由计算机自动控制的现代化温室，大力开发适于温室生产的高产值的作物品种。目前荷兰的温室面积为 1.1 亿米^2，占全世界玻璃温室面积的 1/4，1995 年产值为 132.3 亿荷兰盾，其中蔬菜 98.72 亿，花卉 60.91 亿，球根鲜花及耐寒种苗 20.6 亿（何革华、申茂向，2 000）。

第二节　基本情况和特点

一、产业园区型能源生态建设的内涵与特点

（一）产业园区型能源生态建设的内涵

在可持续发展的背景下以资源的高效利用和循环利用为核心，以"减量化、再利用、资源化"为原则，以低消耗、低排放、高效率为基本特征，将产业园区内种植、养殖、加工等产业环节的有机废弃物加以能源化利用，实现产业园区废弃物无害化、清洁化、减量化。在产业园区，可利用的新能源一般包括生物质能、太阳能、风能等，可再生能源的利用技术一般包括生物质沼气能利用技术、太阳能利用技术等。

（二）产业园区型能源生态建设的特点

一是产业园区内以沼气为纽带的能源生态建设，上承养殖业，下启种植业，集种植、养殖、能源于一体，是一种物质良性循环的能源生态模式，有较强的生命力，能有效促进农业的可持续发展。

二是拓展了产业园区的功能，实现从生产功能向经济、社会、生态等多种功能延伸。能源生态建设，通过农业废弃物的能源化利用，获得优质清洁可再生能源，有效替代化石能源，减少温室气体排放，具有良好的生态外部性作用；同时优化了农村生活能源结构，增加了可再生能源的比例。

三是通过对沼气、太阳能等可再生能源的利用，实现园区畜禽粪便、农作物秸秆等废弃物的无害化处理，同时获得沼气等高品位清洁能源，可为农户或企业增收节支，具有良好的生态经济效益。

四是多层次利用有机废弃物和秸秆人畜粪便等，促进生态农业系统内物质循环和利用，减少废弃物排放或使废弃物排放为零，减少环境污染，改善园区环境卫生。

二、中国产业园区型能源生态建设的现状

随着社会经济的发展和人民生活水平的提高，能源的需求量不断增长，化石能源资源的有限性以及它们在燃烧过程中对全球气候和环境所产生的影响日益为人们所关注。从资源、环境、社会发展的需求看，开发和利用新能源和可再生能源是必然的趋势。在新能源和可再生能源家族中，太阳能和生物质能以

其清洁高效的特点，在农业产业园区的应用越来越广泛。

（一）生物质能源生态建设

目前，产业园区的生物质能源生态建设主要包括以沼气为纽带的循环农业生态模式、以消纳园区有机废弃物为目的的沼气能源生态模式和以能源获得为目的沼气工程建设，其中前两种模式在产业园区能源生态建设中较为常见，而产业园区以获取能源为目的的沼气工程建设正处于发展的初级阶段，如河南南阳国家农业科技园区的秸秆沼气集中供气工程。我国的大中型沼气工艺技术已趋成熟，配套设备已达到或接近国际先进水平。在沼气工程的配套技术方面，可根据猪粪、鸡粪、牛粪等原料特性的不同包括预处理系统、厌氧发酵系统、沼气输配系统、制肥系统、消化液后处理系统进行差异化设计。在发酵工艺方面，不同原料高效发酵工艺，如全混式厌氧发酵工艺、车库干式发酵工艺、竖向推流式厌氧消化工艺等已经成熟应用；在配套设备方面，我国已研制出纯燃沼气发电机组，制罐、自动控制、脱硫脱水、固液分离等装置已经形成标准化成熟产品。

（二）节能温室设施农业

日光温室为主要建设内容的太阳能能源生态模式在产业园区得到广泛应用。供暖不足对农产品产量、农时和产品质量均有重要的影响，因此低运行费用的替代增温和降温系统至关重要。利用太阳能增温的农用温棚主要有被动式和主动式两种，均可有效地降低常规能源消耗，更好地利用可再生无污染的太阳能资源，对园区内的现代化设施农业的发展起到促进作用（陈仲华，2000）。近几年来，利用太阳能取代传统燃料进行增温，已受到很大关注。20 世纪 90年代，尤其在"九五"期间，在国外温室及其相应种植技术大量引进的基础上，我国温室设施得到了前所未有的发展。特别是近年来发展起来的高科技农业示范园区进一步促进了设施园艺在我国的发展。目前，我国温室生产面积（包括日光温室、塑料大棚）已达 139 万公顷，跃居世界第一，在温室产品生产、实际应用和配套技术研究方面都取得了一定成果，形成了不同档次、不同系列化的温室产品，初步形成了一定的产业规模。目前，我国温室主要包括玻璃连栋、塑料连栋、塑料大棚和日光温室等几种类型。塑料大棚、中棚及日光温室作为我国主要设施结构类型，能充分利用太阳光热资源、节约能源、减少环境污染。

三、产业园区型能源生态建设的发展趋势

（一）沼气成为产业园区重要的能源形式之一，沼气综合利用方式多样化

沼气既是能源设施，又是环境设施，还是肥料加工厂，是发展循环经济的纽带，是生物质能源利用的主要途径之一。沼气工程使农业产业园区的畜禽粪

便、秸秆等有机废弃物得以能源化利用，园区所产生的沼气可供给园区自身燃料利用，多余沼气用于发电，替代园区的用电用于生活照明和生产使用，同时还可开展沼气、沼渣和沼液的综合利用；可以减少或防止环境污染，真正实现经济发展和环境保护的双赢。园区以沼气为纽带的能源生态建设，逐渐注重向下游产业链延伸，如沼气提纯，沼渣加工生物有机肥、沼液叶面肥等，沼气综合利用水平不断提高。

（二）园区太阳能日光温室生态建设趋向规模化和智能化发展，太阳能产品开发系列化

园区通过生态优化工程建设，太阳能在技术创新、应用领域等方面有所创新突破。在温室配套方面，设施配套、灌溉系统、加温系统、降温加湿系统以及常规控制与自动化控制等日趋成熟。随着太阳能利用技术的进一步发展，太阳能路灯、太阳能灭虫灯等一系列产品在园区的应用越来越普遍。

第三节　主要建设内容与技术要求

我国产业园区名称各异，大多是综合园区，且多以科技产业为主，采用"一区多园"的模式，具有生产加工、示范、培训孵化器、生态观光等功能；涉及种植业、养殖业、加工业、销售业、研发、物流、观光旅游业等领域。沼气生态能源建设、太阳能温室设施农业建设成为农业和农村经济发展以及改善生态环境的有效途径。

一、沼气生态能源系统建设内容与技术要求

（一）建设内容

沼气生态能源系统主要建设内容包括原料预处理单元、沼气生产单元、沼气净化与贮存单元、沼气供气单元、沼气发电单元、沼气提纯灌装单元、沼肥加工利用单元等设施设备，配套建设供配电、控制系统、给排水、消防、避雷、道路绿化、围墙及工程配套用房等。沼气厌氧发酵设施见图 4-1。

沼气为纽带的农业产业园区是一个庞大的农业生态系统，一般包括以猪、牛、羊、鸭为主的养殖业子系统；以优质水稻、无公害蔬菜、生态果业和花卉等为主的种植业子系统；包含饲料、复合肥、畜禽和菜果加工的加工业子系统；为了降低生产对环境的污染和提高系统内资源利用率而建立的以沼气工程为核心的能源子系统；人员参与的内部管理、技术支持子系统；作为系统外部支持的资金和市场子系统等。养殖业、种植业和加工业子系统是农业大系统所固有的生产系统，能源子系统和内外部支持子系统是为了提高系统运作效率而形成的（涂国平等，2004）。

图 4-1　沼气厌氧发酵设施

产业园区以沼气工程为核心的能源子系统，具有清洁、高效、绿色的特点，既解决了一般农业系统对环境的污染，又为种植业和养殖业提供高效绿色生产原料，为生产无公害农产品提供条件，并且通过实施沼气工程来开发系统内部的二次能源，其运行模式见图 4-2（涂国平等，2004）。

图 4-2　以沼气为纽带的能源生态模式

（二）建设要求

1. 沼气工程设计原则

（1）沼气工程设计应该符合当地总体规划，因地制宜，考虑当地环境容量，形成养殖与种植、处理与利用的有机结合。

（2）沼气工程设计应以减量化、无害化、资源化为目标。

（3）工程设计应充分考虑当地的社会经济水平和主要原辅材料价格，提高自动化水平，降低投资和运行费用。

（4）工艺设计应根据沼气工程规划年限、工程规模和建设目标，选择投资省、占地少、工期短、运行稳定、操作简便的工艺路线，做到技术先进、经济合理、安全适用。

2. 沼气工程工艺设计　沼气工艺设计包括生产工艺、流程、设备的选择，参数和物料、能量平衡及配套公用工程的计算等。

3. 沼气工程设计有关标准、规范　包括:《家用沼气灶》（GB/T3606—

2001）；《沼气工程规模分类》（NY/T667—2011）；《畜禽粪便无害化处理技术规范》（NY/T1168—2006）；《沼气工程技术规范——工艺设计》（NY/T1220.1—2006）；《沼气工程技术规范——供气设计》（NY/T1220.2—2006）；《沼气工程技术规范——施工及验收》（NY/T1220.3—2006）；《沼气工程技术规范——运行管理》（NY/T1220.4—2006）；《沼气工程技术规范——质量评价》（NY/T1220.5—2006）；《规模化畜禽养殖场沼气工程运行、维护及其安全技术规程》（NY/T1221—2006）；《规模化畜禽养殖场沼气工程设计规范》（NY/T1222—2006）；《沼气发电机组》（NY/T1223—2006）。

二、高效节能日光温室建设内容与技术要求

（一）建设内容

高效节能日光温室的原理是在不加温的条件下，充分利用自然光照资源，使作物顺利通过严冬季节光照不足和低温的关口，维持正常的生长发育，所以棚型的结构和选用材料都紧紧围绕采光、蓄热、保温几个重要问题设计，以及建筑物的抗风、抗雪强度，同时考虑了合理的造价成本。温室生产主要建设内容包括温室主体建构、遮阳系统、保温系统、自然通风系统、灌溉系统、施肥系统、栽培系统和控制系统等。高效节能日光温室见图4-3。

图4-3　高效节能日光温室外观

（二）建设要求

1. 一般要求

（1）日光温室结构应符合利用太阳能和节能的要求，兼顾使用功能、可靠性和经济性，冬季月平均日照时数小于100小时，或者室外最低温度高于－5℃的地区，不易建造日光温室。

（2）日光温室应按一定程序批准的设计图纸和技术文件施工与安装，工程质量参照国家建筑工程标准中的相应和相关要求与规定进行检验评定验收。

（3）日光温室和塑料大棚中采用的建筑材料、构建制品及配套机电设备等工业产品质量应符合相应的产品标准要求。

（4）温室结构承受的荷载包括恒载和活载，温室结构的设计荷载，可参照《建筑结构荷载规范》（GB 50009—2012）的有关规定。

（5）应采用保温无滴长寿塑料棚膜，厚度 0.08 毫米以上，使用寿命 1 年以上。

2. 场地选择

（1）要求温室区地形空旷，阳光充足，东南西三个方向没有遮阴物。

（2）选用地势平坦，土壤肥沃，便于排水，富含有机质的砂壤土。

（3）水源充足，水质优良，供电方便，必须有井灌条件。

（4）必须布置好输电线路，灌排水渠，交通道路。

（5）避开水源、土壤、空气污染区，保证产品质量符合食品卫生标准。

3. 场地总体规划

（1）温室方位、长度、跨度　温室方位坐北向南偏西 50°左右，土地无法调整的可接近正南方向建造，温室长度应以 60 米为宜，不得少于 40 米，跨度 7 米。

（2）温度间距　前后两排温室的间距以 7～9 米为宜，东西两排温室中间留道路及渠系。

4. 建设材料　塑料棚膜采用醋酸乙烯（EVA）高效保温无滴防尘日光温室专用膜或聚氯乙烯（PVC）无滴膜，厚度不小于 0.1 毫米。日光温室主要保温材料为保温被或草帘。提倡使用标准专用温室保温被。草帘推荐使用稻草帘。稻草帘宽 1.2 米，长 10 米，厚 5 厘米。在草帘上面缝制一层旧棚膜或彩条布，以增加草帘保温效果和防止草帘被雨雪水浸湿。骨架材料包括主拱架使用的钢管和钢筋、支柱使用的水泥和钢筋等，均应使用相应规格的国标材料。

5. 温室建设相关标准、规范　包括：《温室节能技术通则》（GB/T29148—2012）；《温室通风降温设计规范》（GB/T18621—2002）；《温室结构设计荷载》（GB/T18622—2002）；《连栋温室建设标准》（NY/JT06—2005）；《日光温室结构》（JB/T10286—2001）；《连栋温室结构》（JB/T10288—2001）；《温室工程术语》（JB/T10292—2001）；《湿帘降温装置》（JB/T10294—2001）；《温室电气布线设计规范》（JB/T10296—2001）；《温室加温系统设计规范》（JB/T10297—2001）；《温室控制系统设计规范》（JB/T10396—2001）。

第四节　不同区域类型特点

一、农业园区温室建设的区域特点

（一）北方地区

在温室建造中，要根据所在气候区的特殊气候条件做特殊设计。日光温室应是北方地区冬季主要园艺设施，其地位不可替代，连栋温室在北方地区空间不宜太大，保温为主；以北京为代表的北方地区光热资源配置较好，但其冬季保温能力差，需加大采光面以最大限度利用太阳能，周年生产耗能主要以采暖为主。

（二）南方地区

南方地区温室要相对高大，配备外遮阳设备，以加强通风降温力度，南方遮阳网、防雨棚、防虫网是解决夏季高温、暴雨和病虫害多发等不利条件造成夏季蔬菜淡季的主要设施，以云南为代表的南方地区温室生产气候条件优越，冬季不冷、夏季不热，冬季光照充足；发展设施优势明显；连栋温室采暖耗能小；夏季降温幅度不大。温室可作为生产高附加值产品的主要设施，南北方都要注意特殊地区风雪荷载强度。

二、农业园区生物质能生态能源区域特点

（一）农业沼气工程区域分布

2013 年，农业废弃物的沼气工程数量已达到 99 625 处，大中型沼气工程16 099 处，总池容 914.37 万米^3，年产气量 134 453.88 万米^3。从分布区域看，我国处理农业废弃物大中型沼气工程主要集中长江中下游区、华南和西南地区，黄淮海区次之，东北区、黄土高原区和西北干旱区分布较少，青藏高原区最少。从省份看，2013 年处理农业废弃物沼气工程数量排前三的省份分别是湖南、浙江和江西，其数量分别达到 19 127 处、17 101 处和 6 365 处，总池容分别达到 115 万米^3、159 万米^3 和 116 万米^3。

（二）沼气工程发酵原料区域特点

我国农业废弃物用于沼气能源生态建设的主要原料是畜禽粪便和农作物秸秆以及农产品加工废弃物。

我国大中型畜禽养殖约 80% 都集中在人口密集的沿海地区，如北京、天津、辽宁、山东、江苏、浙江、福建和广东等地。上述地区的沼气工程发酵原料多以畜禽粪便为主，该类沼气能源工程分布比较普遍，其区域布局主要取决于养殖场的分布情况。根据我国农业畜禽养殖场的主要特点和处理目标，我国现已形成"能源生态型"和"能源环保型"两种沼气工程建设模式，前者适合

于一些周边有适当的农田、鱼塘或水生植物塘的畜禽场，后者是经处理后直接排入自然水体或以回用为最终目的的工程，其出水质量则达到了国家规定的相关环保标准要求。这两种工艺也是我国目前比较成熟、比较典型的大中型沼气工艺。以河南省调查数据为例，共调查大中型沼气工程42处，其中养猪场35处，占调查总数的83%，养牛场4处，养鸡场仅两处。从工艺模式看，大多是能源生态型，约占调查总数的93%，能源环保型的仅有3处（李宝玉等，2010）。

以秸秆为主要原料的大中型秸秆沼气工程主要在江西、浙江、河南、江苏、河北、山西等省份，沼气发酵原料包括作物收获后的玉米秸秆、稻草等。2013年年底，全国共建设秸秆沼气集中供气工程434处，供气户数7.83万户，其中江西秸秆沼气集中供气工程数量居全国第一，为92处，供气户数4 500户。

种植业与养殖业相结合是我国农业产业园区未来发展的主导方向，但是现实情况是种植业和养殖业结合应用较好的园区比例并不高。以北京为例，目前北京建有农业产业园区数百个，而实际生产中实现种养结合的农业产业园区仅占到7%～8%。园区存在严重种养业脱节的问题，使得畜禽粪便、圈舍排泄污染物、农作物秸秆等农业废弃物不能及时有效的无害化、减量化处理，增加农业环境污染风险。

第五节　典型案例

一、北京市蟹岛生态园区沼气能源生态建设模式

蟹岛生态园区位于北京市近郊，是依托高科技产业化农业发展起来的生态农业示范园区。园区总占地面积约为2 700亩，包括种植园区、养殖园区、科技园区和旅游度假区，形成了集高科技种植、养殖、旅游观光、加工业于一体的综合基地。该园对养殖场畜禽粪便通过大型沼气池集中厌氧发酵处理，形成种植业、养殖业、肥料加工、能源利用和休闲度假有机结合的生态农业经济。

种植业主要包括大田种植区、温室蔬菜种植区和花卉苗圃区，其中大田种植区总占地面积为1 200亩，主要有水稻、玉米、小麦、大豆等；温室蔬菜种植面积为150亩，果菜类、叶菜类等近百个品种；花卉苗圃区面积为约150亩，种植各种花、草、灌木、乔木等。

养殖业分为水产养殖区和家禽家畜养殖区：水产养殖总占地面积为620亩（包括稻田养蟹区300亩），其中供个人垂钓的面积为110亩，其他为生产区，主要品种为花白鲢、草鱼、鲫、鲤、罗非鱼、武昌鱼、大口鲇鱼、罗氏沼虾和螃蟹（稻田养蟹）等，年水产品总量可达到75 000千克。此外，还有建筑面

积 4 000 米^2 的室内垂钓宫，用于鱼苗繁育和休闲垂钓。畜禽主要有柴鸡、柴鸭、羊、驴、猪等，柴鸡年存栏数达到 15 000 只，柴鸭年存栏数达到 10 000 只，羊年存栏数达到 1 500 只，驴年存栏数 400 头，猪年存栏数 1 000 头。另外还有种牛、马、骆驼等牲畜和观赏动物，每天产生粪便废弃物 10 吨左右。

旅游度假区设有餐厅、客房、娱乐场所（游泳、桑拿、保龄球等），平均每天可接待游客 1 500～2 000 人，同时加上园区内的员工，每天可产生废弃物约 3 吨，生活污水约 600 米^3。

综上，园区内每天产生粪便等各种废弃物 13 吨左右，每天产生生活污水量超过 600 米^3。园区开展了以沼气为纽带的种植业、养殖业、服务业废弃物无害化、资源化处理。种植业、餐饮的废弃物经过处理后送到养殖区饲养家禽家畜，家禽家畜的废弃物沼气池发酵，产生沼气，部分废弃物用于堆肥。生产的沼气可用作炊事、照明、采暖等能源，用沼气灯加热温室时所产生的二氧化碳可作为温室内的气体施肥。经过厌氧发酵后的沼渣沼液，原粪便中所含的大部分致病细菌被杀死，是优质的有机肥，可部分或全都替代化肥，不仅维持了土壤肥力，还改善了土壤结构，减少作物生理病害，生产无公害食品（付秀平等，2002）。

蟹岛沼气发电每年可产生经济效益 17.2 万元（2003 年），种植业土地只使用沼肥和沼液，不使用任何化肥和农药，每年至少可节约生产成本 18.4 万元，同时生产的绿色有机农产品比常规农产品价格高出一倍以上，每年增收约 285 万元。综上，蟹岛利用沼气工程，年可产生直接和间接经济效益约 300 万元，同时减少了化石能源的利用和废弃物的排放，取得了良好的经济效益和生态效益（朱珍华，2005）。

二、浙江省杭州市西子水产养殖场沼气能源生态建设模式

浙江杭州西子水产养殖场，采用国内一流的饲养工艺和设备，配套建设有饲料厂、屠宰厂、养鳖厂、鱼场、无公害蔬菜园及果园。1996 年该养殖场兴建了大型沼气综合利用工程，采用目前国内流行的工艺路线，将回收资源、开发能源、保护环境与改善生态环境有机地结合起来，为从根本上解决能源、资源和环境问题创造了条件。该养殖场沼气工程平均日产沼气 500 米^3，30 米^3 用于食堂炊事燃气，其余用于沼气发电，日发电 850 千瓦时，用于养殖场生产用电、污水处理站用电和办公楼及生活用电。污水处理站日产沼液 100 吨，用于无公害蔬菜培育、鱼塘和草坪灌溉。当沼液消耗不尽时，再进行曝气、生物净化，然后再将这些净化后的水送回猪舍用作冲洗水。一般情况下，约 50 吨沼液用作液体肥料、灌溉农作物和养鱼池；另 50 吨沼液经好氧处理和生物净化后用作冲洗水。沼渣通过固液分离机每天可产饲料 2.8 吨，供 250 亩鱼塘养

鱼或用于菜地肥料。该项目的收益共计 65.5 万元/年，其中：沼气收入 20.5 万元/年（含发电收入），其他副产品收入 33.0 万元/年，减少环保罚款 12 万元/年，项目运行成本合计为 21.59 万元/年。

三、陕西省西安市户县天菊生态农业产业园沼气能源生态建设模式

西安天菊生态农业产业园位于户县县城西南 10 千米的甘河岸边，产业园占地 300 多亩，以葡萄种植、蛋鸡饲养、生猪养殖、有机肥加工、鸡胚胎生物技术为主营项目。该产业园种植优质"户太 8 号"葡萄 200 亩，年产葡萄 30 万千克；建有鸡舍 30 栋，饲养蛋鸡 5 万只，年产鸡蛋 600 吨；有猪舍 11 栋，年出栏生猪 1 280 头；有机肥加工年产优质有机肥 100 吨；生物胚胎技术年生产保健品胚优 4 万箱。

大型沼气池的建成，不仅为园区提供清洁能源，而且对畜禽粪便和垃圾进行了无害化处理，减少了畜禽疫病的发生，改善了园区的环境卫生面貌。蛋鸡养殖所产鸡粪发酵喂猪，猪粪用于沼气发酵；产出的沼气用于炊事、照明和取暖，沼液作为添加剂喂猪，沼渣一部分用于生产有机肥，一部分用于葡萄园的施肥，生产绿色无公害农产品，初步形成了以沼气为纽带、种、养、沼结合的生态农业循环模式。沼气工程年产沼气 2 万米^3，年处理畜禽粪便 0.5 万吨，年产沼液、沼渣 1 万吨，年生产有机肥 100 吨。

产业园以沼气为纽带、种、养、沼结合的生态农业循环模式，取得了显著的经济效益。沼气为园区工作人员做饭烧水，年节约煤炭 20 吨，节省开支 1.5 万元；沼气为鸡舍照明、猪舍取暖，节省开支 2.5 万元；沼液、沼渣营养成分全面，为葡萄园做基肥、追肥和叶面肥，年节约化肥 30 吨，节省开支 6 万元；沼液喷施消除病虫害，年节约农药 0.5 吨，节省开支 4 万元；产业园年生产绿色无公害"户太八号"优质葡萄 30 万千克，产值 480 万元；年加工生产有机肥 100 吨，产值 10 万元；养鸡产值 500 万元；养猪产值 180 万元；鸡胚胎生物技术生产保健品胚优产值 800 万元。园区通过生态农业循环模式运行，年产值达到了 1 984 万元，年经济效益近 200 万元（王忠会，2013）。

四、上海市浦东新区孙桥现代农业园区温室设施农业能源生态建设模式

上海浦东孙桥现代农业园区现有蔬菜生产的大型智能温室 6 公顷，其中引进荷兰大型温室 3 公顷，国产大型智能温室 3 公顷，温室内主要生产黄瓜、番茄等果菜。大型智能温室与一般温室相比，具有先进的系统设施：如通风、帘幕、加热、二氧化碳施肥、空气循环、屋顶喷淋、滴灌和灌溉计算机控制、气

候计算机控制、电气等系统；作物生长支架及附件；植保设备；园艺机械等。大型智能温室可利用上述先进设备和设施及计算机自控系统，根据不同作物在不同生育阶段需求的生长发育条件，对温、光、肥、水、湿等条件进行有效的自动调控，种植适用于长周期栽培的无限生长型品种（吕卫光、赵京音，2003）。太阳能日光温室的应用不仅提高了太阳能和土地的利用率，而且为植物生长创造了良好环境，提高了作物的产量和品质，产生巨大的经济效益。太阳能日光温室栽培黄瓜亩产高达 2.5 万～3 万千克，是露天大田产量的 10 倍，大棚产量的 6 倍。

第五章

农村社区型能源生态建设

第一节　国内外发展概况

一、国内发展概况

（一）农村社区的内涵

随着农村经济社会的快速发展，全面建成小康社会宏伟目标的实现，统筹城乡一体化发展和农村城镇化步伐的加快，农村社区在全国各地快速发展。农村社区，既有别于传统的行政村，又不同于城市社区，它是由若干行政村合并在一起，统一规划，统一建设，或者是由一个行政村建设而成，形成的新型社区。新型农村社区建设，既不能等同于村庄翻新，也不是简单的人口聚居，而是要加快缩小城乡差距，在农村营造一种新的社会生活形态，让农民享受到跟城里人一样的公共服务，过上像城里人那样的生活。农村社会学家对农村社区的含义有不同的理解。有的强调农村社区有一个共同的中心点；有的强调其居民有较强的认同感；有的强调具有特定的社会组织和社会制度；有的则强调有特殊的生活方式等。概括各家的观点，构成农村社区的基本要素是：①具有广阔的地域，居民聚居程度不高，并主要从事农业；②结成具有一定特征的社会群体、社会组织；③以村或镇为居民活动的中心；④同一农村社区的居民有大体相同的生活方式、价值观和行为规范，有一定的认同意识。

（二）农村社区的发展现状

社区是伴随着工业化和城市化的推进首先出现于西方的一个概念，但是作为一种社会生活共同体形式，却古已有之，是一个历史范畴。社区是社会生活的基本组织单位，是以共同居住的地域为基础，具有共同的社会联系和价值认同的社会生活共同体，是一种地方性社会。相对于城市社区而言，农村社区是有广阔地域，居民聚集程度不高，以村或镇为活动中心，以从事农业活动为主的社会生活共同体。对此，费孝通先生曾经以"熟人社会"加以表征。因此，传统的农村社区是一种在自然状态下，由于长期共同生活而形成的具有共同文化理念的共同体。但是，进入现代社会以来，传统农村社区发生了重大变化。随着现代国家的建构，外部性因素日益向乡村社会渗透，农村社区不再是自然状态，更是一种国家规划性制度变迁的产物。在中国，20 世纪 50 年代开始的农业社会主义改造，便是大规模对传统农村社区加以改造和重新规划的过程。经过农业社会主义改造，农民被组织到人民公社体制之中，成为公社社员，而不再是自然状态下的农民。即使是 20 世纪 80 年代废除人民公社体制后，农村社区没有，也不可能回复到传统农村社区。公社体制废除后的村民委员会是国家认可的建制村（通常又被称之为行政村）。由此可见，社区作为人类社会的基本组织单位，不是孤立存在的自然状态。它随着社会的变化而变化。

2006 年 10 月，中共十六届六中全会通过的《中共中央关于构建社会主义和谐社会的若干重大问题决定》提出"积极推进农村社区建设，健全新型社区管理和服务体制，把社区建设成为管理有序、服务完善、文明祥和的社会生活共同体"。第一次在中央的决定和文件中使用"农村社区"概念，并且在提出社会主义新农村建设目标要求的同年提出农村社区建设目标，工作跟进比较快，显现了工作举措上的延续性，表明中央对加强农村社区建设的信心和决心。并且在 2007 年党中共十七大上再次强调把城乡社区建设成为"管理有序、服务完善、文明详和的社会生活共同体"，说明中央已把城市社区与农村社区统一纳入城乡社区这一范畴，社区不仅仅是城市"专利"，农村同样是社区，有利于更新观念，表明农村与城市同样重要，这是和谐社会建设的具体体现，也是对十六届六中全会中提出的"农村社区"的深化，再次表明农村社区建设的重要性和城乡一体化的必要性和可能性。

（三）新型城镇化背景下农村社区—乡镇—县市的逐级发展战略

我国已进入全面建成小康社会的决定性阶段，正处于经济转型升级、加快推进社会主义现代化的重要时期，也处于城镇化深入发展的关键时期。改革开放以来，伴随着工业化进程加速，我国城镇化经历了一个起点低、速度快的发展过程。1978—2013 年，城镇常住人口从 1.7 亿人增加到 7.3 亿人，城镇化率从 17.9％提升到 53.7％，年均提高 1.02 个百分点；城市数量从 193 个增加到 658 个，建制镇数量从 2 173 个增加到 20 113 个。京津冀、长江三角洲、珠江三角洲三大城市群，以 2.8％的国土面积集聚了 18％的人口，创造了 36％的国内生产总值，成为带动我国经济快速增长和参与国际经济合作与竞争的主要平台。城市水、电、路、气、信息网络等基础设施显著改善，教育、医疗、文化体育、社会保障等公共服务水平明显提高，人均住宅、公园绿地面积大幅增加。城镇化的快速推进，吸纳了大量农村劳动力转移就业，提高了城乡生产要素配置效率，推动了国民经济持续快速发展，带来了社会结构深刻变革，促进了城乡居民生活水平全面提升，取得的成就举世瞩目。

根据世界城镇化发展普遍规律，我国仍处于城镇化率 30%～70% 的快速发展区间，但延续过去传统粗放的城镇化模式，会带来产业升级缓慢、资源环境恶化、社会矛盾增多等诸多风险，可能落入"中等收入陷阱"，进而影响现代化进程。随着内外部环境和条件的深刻变化，城镇化必须进入以提升质量为主的转型发展新阶段。

按照控制数量、提高质量，节约用地、体现特色的要求，推动小城镇发展与疏解大城市中心城区功能相结合、与特色产业发展相结合、与服务"三农"相结合。大城市周边的重点镇，要加强与城市发展的统筹规划与功能配套，逐步发展成为卫星城。具有特色资源、区位优势的小城镇，要通过规划引导、市场运作，培育成为文化旅游、商贸物流、资源加工、交通枢纽等专业特色镇。远离中心城市的小城镇和林场、农场等，要完善基础设施和公共服务，发展成为服务农村、带动周边的综合性小城镇。对吸纳人口多、经济实力强的镇，可赋予同人口和经济规模相适应的管理权。

新型城镇化下村镇发展也将呈现新常态，要坚持遵循自然规律和城乡空间差异化发展原则，科学规划县域村镇体系，统筹安排农村基础设施建设和社会事业发展，建设农民生活的美好幸福家园。

1. 提升乡镇村庄规划管理水平 适应农村人口转移和村庄变化的新形势，科学编制县域村镇体系规划和镇、乡、村庄规划，建设各具特色的美丽乡村。按照发展中心村、保护特色村、整治空心村的要求，在尊重农民意愿的基础上，科学引导农村住宅和居民点建设，方便农民生产生活。在提升自然村落功能基础上，保持乡村风貌、民族文化和地域文化特色，保护有历史、艺术、科学价值的传统村落、少数民族特色村寨和民居。

2. 加强农村基础设施和服务网络建设 加快农村饮水安全建设，因地制宜采取集中供水、分散供水和城镇供水管网向农村延伸的方式解决农村人口饮用水安全问题。继续实施农村电网改造升级工程，提高农村供电能力和可靠性，实现城乡用电同网同价。加强以太阳能、生物沼气为重点的清洁能源建设及相关技术服务。基本完成农村危房改造。完善农村公路网络，实现行政村通班车。加强乡村旅游服务网络、农村邮政设施和宽带网络建设，改善农村消防安全条件。继续实施新农村现代流通网络工程，培育面向农村的大型流通企业，增加农村商品零售、餐饮及其他生活服务网点。深入开展农村环境综合整治，实施乡村清洁工程，开展村庄整治，推进农村垃圾、污水处理和土壤环境整治，加快农村河道、水环境整治，严禁城市和工业污染向农村扩散。

3. 加快农村社会事业发展 合理配置教育资源，重点向农村地区倾斜。推进义务教育学校标准化建设，加强农村中小学寄宿制学校建设，提高农村义务教育质量和均衡发展水平。积极发展农村学前教育。加强农村教师队伍建设。建立健全新型职业化农民教育、培训体系。优先建设发展县级医院，完善以县级医院为龙头、乡镇卫生院和村卫生室为基础的农村三级医疗卫生服务网络，向农民提供安全价廉可及的基本医疗卫生服务。加强乡镇综合文化站等农村公共文化和体育设施建设，提高文化产品和服务的有效供给能力，丰富农民精神文化生活。完善农村最低生活保障制度。健全农村留守儿童、妇女、老人关爱服务体系。

二、国外发展概况

农村社区发展在国外的实践探索起步较早，经过多年的积累，已经形成了比较成熟的理论基础和丰富翔实的实践案例分析。

(一) 德国"巴伐利亚试验"

在第二次世界大战结束后，德国农村问题比较突出，城乡差距进一步拉大。由于农村公共服务等基础设施条件比较落后，农民仅靠农业生产难以维持生计，为了生存和发展需要，大量农业人口离开农村涌向城市寻找就业岗位，这使得城市不堪重负。为了解决这一严重问题，赛德尔基金会提出的"等值化"理念。该理念主要是指不通过耕地变厂房和农村变城市的方式使农村在生产、生活质量上而不是在形式上和城市逐渐消除差距，使在农村居住和当农民仅仅是环境和职业的选择，并通过土地整理、村庄革新等方式，实现"与城市生活不同类但等值"的目的，进而使农村与城市在经济方面达到平衡发展，也使涌入大城市的农村人口大大减少。"城乡等值化"理念提出之后，得到当地政府部门的支持，并开始在巴伐利亚进行试点试验。

巴伐利亚州是德国 16 个联盟州中面积最大的州，面积 70 548 公顷，农村面积占该州总面积的 80%。人口 12 493 658 人（2008 年），居全德国第二位。巴伐利亚试点村的"城乡等值化"主要包括片区规划、土地整合、农业机械化、农村公路和其他基础设施建设，发展教育和其他措施。这一计划在 50 年多前在巴伐利亚开始实施后并获得成功，最终使农村与城市生活达到"类型不同，但质量相同"的目标，这一做法被称为"巴伐利亚经验"，这一经验和做法随之成为德国农村发展的普遍模式。根据 2010 年统计数据，巴伐利亚州的城乡 GDP 仅差 0.1 个百分点，实现了城乡居民生产、生活条件等值化的发展目标。

德国"巴伐利亚试验"的整个过程首先都是在在一系列详细的规划指导下进行的，这些规划不仅包括村庄发展的科学的总体规划和详细设计，还包括村庄发展的功能分区等。其次，在进行试点时，政府特别重视村（社区）的社会发展和环境的建设，将教育、卫生、文化事业与环境保护等放在非常重要的位置，以确保实现均衡发展。最后，在进行试点时，德国也对土地与农业在农村发展中的特殊重要性特别重视，并把"土地整理"作为是村庄发展的最重要工作操作。

（二）韩国的"新村运动"

作为一个人多地少的国家，韩国的耕地仅占其国土面积的22%。在20世纪60年代，韩国提出了出口工业战略，使其工业得到了快速发展并且粗具一定规模。由于重工轻农的做法，使其农业落后，农民贫穷，工农脱节，城乡差距拉大，贫富差别悬殊。人均国民收入只有85美元，农业劳动力占就业总人口的63%。"住草屋，点油灯，吃两顿饭"是当时韩国农民的真实写照。为了改变这一现实，20世纪70年代初，由该国总统亲自倡导和政府强力推动的，旨在改革农业、改变农村、改造农民的大变革运动——"新村运动"，在全体国民参与下开始启动。韩国政府实施"新村运动"具体可分为基础建设阶段、扩散阶段、丰富和完善阶段、国民运动阶段和自我发展阶段5个阶段，每个阶段都有其工作重点，具体为改善居住条件—改善居住环境、农业技术推广—发展农业—建立和完善民间组织—经济开发和社区文明建设。

"新村运动"开始，国家将"工农业均衡发展"放在首要地位，采取农村开发战略和精神开发战略与公民运动相结合。在其推进阶段，对农民生活和生产条件进行改善，如加大对屋顶、厨房、厕所、水井改造及架桥修路等基础设施建设等。与此同时，政府着力帮助农民增加收入，并在1974年实现了农民整体脱贫，城乡差距逐渐缩小。在该运动的加速建设阶段，政府通过计划、协调和服务，对其提供必要的资金、物资和技术支持，并加大调整农业结构和发展农村加工业的力度，使农民的生活环境和文化环境得以改善，农民的生活水平也得以大大提高，基本上接近城市居民的生活水准。在该运动全面发展阶段，政府致力于国家道德建设、社区教育、民主意识及法制教育，同时积极推动城乡流通业的发展，使城市繁荣发展逐步向农村扩散，最终达到城乡统筹发展的目的。

首先，韩国的"新村运动"基本运作模式是以政府积极引导与农民自主精神相结合的方式进行的。"新村运动"是由村民选出的新村指导员进行领导，这些民选的指导员有热情、有干劲也有能力，而且还具备一定的技能。由他们带领农民，在政府的指导和帮助下，制订计划并实施。其次，韩国的"新村运动"的实施是以基础设施建设与增加农民收入相结合的方式实现。韩国的"新村运动"在把道路的扩张、桥梁的架设、农用耕地的整理和农业用水的开发等作为农村基础设施建设重点的同时，又因地制宜地开辟出城郊集约型现代农业区、平原多层次的精品农业区、山区观光型特色农业区，这大大拓宽了农民增收的渠道，增加了农民的收入。再次，在"新村运动"过程中，政府将村庄分为基础村庄、自助村庄和自立村庄3个级别，并根据村庄的不同等级，采取不同的政策进行分类指导，而且在实施过程中比较尊重村民的意愿，以解决最实际的问题为出发点。

（三）日本的"市町村"大合并

日本的一个重要国情就是资源相对贫乏，人多地少，其土地总面积不到38万公顷，且耕地资源非常少。面对这样的国情，日本一味地追求工业的发展，以此来实现经济的飞速发展。但这种发展模式使日本的农业凸显出很多问题，造成了城乡差异矛盾和城乡差距也越来越大。农村人口逐步涌向城市，造成了农业耕地废弃和空置等非常严重的问题。为了解决这一问题，日本实行了大规模的"市町村"大合并运动，来平均城乡发展的不协调，促进城乡一体化建设。

由于日本市町村的规模都比较小，难以大规模的发展，这一方面限制了农村的发展；另一方面也加大了政府管理成本，为此，"市町村"大合并就成为必然。为了实现城乡统筹发展，日本政府采取了以下措施：第一，为防止城市人口过度集中和农村人口涌向城市，日本政府推行了相关经济激励政策，如鼓励或对工厂下乡进行补贴，使城市大企业转移到农村地区投资建厂，以此来实现农民离农。第二，加强农村基础设施建设。为了改善农村人居环境，由中央政府对农村建设项目进行财政拨款和贷款，地方政府除财政拨款外，还可以利用发行地方债券的方式进行融资，以此来用于公共设施的建设。第三，积极发挥农业协同工会（简称"农协"）的积极作用，为农业劳动力向非农业部门转移创造了条件。此外，日本政府还制定了许多合理的政策，确保规划实施，而且在实施合并过程中，还特别注重传统文化的保护等。

日本进入21世纪这一个时间段里，"市町村"大合并的速度又开始加快了，到2007年，日本市町村的总数就减少了40％以上，由原来的3 229个合并到只有1 804个，几乎快减少了一半。据统计，2007年日本的市町村的数量分别是782、827和195个，学界将这一大合并称之为"市町村"大合并。这种大合并的是通过任意合并或法定合并的形式实现的，通过合并，既消除了城乡之间的不平等的地位，也使"町"就是市与村之间的桥梁。它不仅兼具城市和农村的一些特点，还使得日本建成很多"城中有乡，乡中有城"的田园城市。

日本的"市町村"大合并，首先是在全国一体化的规划和开发体系指导下进行的。为了缩小城乡之间的差异，日本政府非常重视对农业的保护，先后制定了很多政策和法规，以扶持日本农业的发展。其次，大力发展农民组织，通过农协来维护农民的权利。日本政府还颁布《农协法》，将农协这一民间组织转变成为正式的组织机构，使得广大农民的权利得到法律保障。再次，为了推动城乡交流，日本政府还鼓励城市居民，利用农村资源建设的属于城市居民的

"市民农园"。为此，日本政府还制定了《市民农园整备促进法》，推动"市民农园"的顺利实现。

第二节　基本情况和特点

一、我国农村社区的基本情况

农村社区建设在探索中主要形成了以下三种模式。

（一）"城镇开发建设带动"模式

就是站在实现城镇化、工业化、农业现代化的高度，把县域经济发展、小城镇开发建设、新型农村社区（中心村）建设，一体规划、一并推进，围绕"农村发展什么产业、在什么地方发展；农民居住什么环境、在什么地方居住"两大课题，统筹考虑耕地保护、粮食安全与农民富裕，推进工业化、城镇化和农业现代化协调发展。按照"做强主城、膨胀县城、发展集（聚区）镇、建设社区（中心新村）"的思路，把新型农村社区建设作为推进城乡统筹发展的切入点、促进农村发展的增长点，以新型城镇化引领"三化"协调发展，着力构建合理的城镇体系、合理的人口分布、合理的产业布局、合理的就业结构。

（二）"产城联动"模式

为给产业集聚区开发建设提供更为广阔的空间，有效破解"三农"难题，创新管理体制机制，打破行政区划，按照"以社区建设为突破、以产业发展为支撑、以人文关怀为纽带、以文明建设为保证"的建设方向，通过对代管的行政村进行村庄、土地双整合集中，实现了人口向城镇社区集中（农民产业集聚区内找到了工作，提高了收入，自然乐意搬迁到环境优美的城镇社区居住），土地向农业企业家、农民专业合作社等大户集中（人口集中以后加速了土地流转、土地向大户集中，加速了农业产业化，这样又反过来促进了村庄整合，人口向城镇社区集中）。

（三）"中心村建设"模式

前期由农民企业家为报效本村村民个人兴建、个人出资，为本村农户建成连体式住宅和社区服务中心办公楼、党员电教室、便民超市等，形成中心村，然后围绕中心村以群众自建为主，企业和社会帮建为辅。政府为建房农户每户补助水泥，每户协调发放贴息贷款，每户给予拆迁补助等。同时，加强了基础设施和公共服务设施建设，力求打造设施齐全、功能完备的宜居社区。

二、农村社区的特点

我国农村社区具有以下特点。

（一）农村社区是一个社会实体

农村社区是一个相对完整的社会结构体系。农村社会普遍存在的一些现象都可以在农村社区内反映出来，人们能够通过农村社区发现农村社会中存在的各种社会现象，能够从农村社会生活中听到社区居民最真实的意愿。可以说，农村社会是由若干不同类型的农村社区所组成，因此建设社会主义新农村应该从农村社区建设入手。

（二）农村社区的主体是农村居民

农村居民是农村社区产生、存在的前提，是农村社区的建设者，农村社区的建设与农村居民生活密切相关。这就要求我们把实现好、维护好、发展好广大农村居民的根本利益作为建设农村社区的出发点和落脚点，尊重农村居民的主体地位，积极增加农村居民建设农村社区的积极性和主动性，将农村社区建设成为农村居民满意的社会经济生活场所。

（三）基础性经济活动是农业生产

城市社区中劳动力的谋生方式基本上是从事二三产业，而农村社区中基础性的经济活动则是从事农业生产。但是，改革开放以来，我国农村的产业结构发生了显著的改变。在农田种植业发展的同时，林牧副渔和二三产业大规模发展。许多地区的农村居民从事二三产业的数量已经超过了从事农业的数量，农民从非农产业中获得的收入也已经超过了农业收入。

（四）农村社区具有多功能性

就我国的农村社区的情况而言，一是具有经济功能。主要表现为农村社区发挥着组织、协调、管理生产经营活动，提供产前、产中、产后服务等作用。二是具有政治功能。主要表现为农村社区发挥着贯彻执行党和政府的方针政策，维护村民的合法权益，建立和发展各类社区组织，推进村民自治和基层民主法制建设等作用。三是具有文化功能。主要表现为农村社区担负着发展教育事业、组织开展文化娱乐和体育活动，组织开展为农村社区组织具有维护本社区的治安秩序、调解民间纠纷、管理计划生育、维护社区的社会稳定等项功能。四是具有社会建设的功能。如发展本社区的社会保障和福利事业。

（五）农村社区的人口密度较低，聚居规模较小

人口密度和人口聚居规模是衡量一个社区人口状况的主要指标。与城市社区相比，由于农业生产活动需要在大面积的土地上进行，使得农村居民不可能像城市居民一样聚居在一起，只能小规模分散居住于多处。这个特点就要求我们在完善农村社区建设、发展和管理中要因地制宜，尊重客观规律。

（六）农村社区中家庭功能比较突出

农村家庭不仅担负着生育、赡养、消费、文化娱乐等项功能，而且还是农业生产的最基本单位和农村组织的主要构成单位。家庭的最基本特征能够比较

充分的满足农业活动提出的多项要求，而且在农村社会生活中，个人往往以家庭成员的身份参加组织活动，社区组织在其活动过程中也往往把家庭视作接受任务的单位。可以说，家庭是农村组织的基本构成单位。

（七）农村社区中业缘关系的作用日益重要

血亲、姻亲，以及由于世世代代血亲姻亲关系形成的复杂网路，是农村社会关系的核心和联系纽带。同时，邻里关系也是农村社区中重要的人际关系。但是，在现代农村中，原本紧紧地以血缘关系为核心的格局正在变得多元化、理性化，亲属之间关系的亲疏越来越取决于他们在生产经营中相互之间合作的有效和互惠的维持。

（八）农村社区具有多元类型

如果从生产职能角度，可以划分为农村、林村、牧村、渔村等；如果从法定地位角度，可以划分为自然村和建制村两种类型；如果从形态角度进行分类，可以划分为集村型社区和散村型社区。农村社区的多元类型就要求我们要因地制宜地开展农村社区建设工作。

第三节　主要建设内容与技术要求

发展农村生物燃气集中供气，保证生物燃气集中供气工程持续运行；以村为单元，强化生产节能，推进农机、渔船和畜禽养殖节能；巩固生活节能，加快省柴节煤炉灶炕升级换代；开发可再生能源，发展太阳能、风能利用；加大废弃物资源化利用力度，推进秸秆、人畜粪便、生活垃圾等废弃物循环利用，大力发展生态农业、循环农业，切实转变农业发展方式，建设美丽农村社区。

一、农村生物燃气集中供气技术

开发和利用农村生物燃气，立足于乡村丰富的农作物秸秆和林业"三剩物"（抚育、采伐、加工剩余物）、畜禽粪便等生物质资源，主要发展了农村沼气和秸秆裂解气化。其中，新中国的沼气发展经历了三个阶段：从20世纪60～90年代，我国积极发展户用沼气，较好地解决了广大农村"锅下愁"问题（燃料匮乏）；进入21世纪后，用了十年多时间，进一步扩大了户用沼气建设成果，并最大限度地发挥了户用沼气在减少林木消耗、无害化处理有机废弃物、阻断血吸虫病和其他传染性疾病的传播途径，取得了显著的生态效益和环境卫生效益；近年来，农村沼气建设的重点转移到集中供气工程方面，较好地适应了社会主义新农村建设和新型城镇化的发展步伐。

在农作物秸秆和林业"三剩物"生物质气化方面，技术应用经历了三个阶段：一是氧化气化法，通过不完全燃烧的方式，将生物质热解成一氧化碳、氢气等为有效成分的燃气，以及少量的炭渣和草木灰（可用于还田）；二是固定床干馏气化法，采用干馏釜、冷凝塔等设备将木质素较多的生物质，裂解成木炭、木焦油、木醋液和高热值燃气，燃气的主要成分包括氢气、甲烷、一氧化碳等有效成分；三是流化床气化法，采取流化床工艺进行干馏气化，生产效率进一步提高，生产的稳定性得到更好地保证。集中供气沼气工程和秸秆气化供气工程是农村生物燃气发展的主要方向，对于促进节能减排、建设资源节约型环境友好型社会、助力新型城镇化具有非常重要的现实作用。

二、其他节能减排技术

（一）新型省柴节煤灶

新型省柴节煤灶与 20 世纪 80 年代以来推广的省柴节煤灶相比，最大的技术改进是预制灶芯的应用。采用预制灶芯不仅可大大延长灶膛的寿命，而且有利于调整吊火高度，改进灶膛结构，提高灶芯火点和灶膛温度。新型省柴节煤灶依照《民用省柴节煤灶、炉、炕技术条件》（NY/T 1001—2006）进行建设，检测标准主要有《户用生物质炉灶热性能和烟尘排放测试方法》（报批稿）、《民用柴炉、柴灶热性能试验方法》（NY/T 8—2006）。具体建设内容与要求包括：安装商品化灶芯，改进灶膛结构，调整吊火高度，增加二次进风装置，配齐炉箅、拦火圈和灶门，设置灶膛热水器，规范烟囱高度，并在灶台表面贴瓷砖，亮化厨房。

新型省柴节煤灶适宜于秸秆、薪柴、生物质致密成型燃料、煤炭等多种燃料。通过标准化建设，新型省柴节煤灶可使燃料燃烧更充分，烟尘较少，热效率可达到 35%，与 20 世纪 80 年代以来推广的省柴节煤灶相比，热效率平均提高 10 个百分点。

新型省柴节煤灶建设分为新建和改建两大类。省柴节煤灶的新建适宜于下述三类农户：一是新建住宅的农户；二是仍然使用传统灶具的农户；三是先期建设的，但灶体破损严重、灶膛无法改建的省柴节煤灶用户。省柴节煤灶改建适宜于灶体基本完好，但灶膛构件残缺、灶内结构不合理的省柴节煤灶。

（二）高效节能炕

新型节能炕统称为高效节能炕，包括两大类，即高效节能落地炕和高效节能架空炕。与 20 世纪 80 年代以来推广的节能炕相比，高效节能落地炕比较突出的技术改进主要有如下五个方面：一是改全部手工砌筑为床板预制，同时将小炕面改为大炕面，将平式炕面改为翘边式炕面；二是改多炕洞为单炕洞；三是将炕头分烟改为炕梢分烟；四是炕内冷墙部分设置保温层；五是采取立砖砌筑炕墙。

高效节能架空炕除拥有高效节能落地炕的所有技术改进外，与后者相比还有如下两个方面的技术创新或比较优势：一是将上炕面和单个炕体侧面散热改为上、下两个炕面和 2～3 个炕体侧面散热，散热面积增加 1 倍以上；二是除适用于三面靠墙连铺大炕的建设外，还适用于各种中小型规格炕（如标准双人炕）的建造，而后者更日益符合现代农民的生活需求。高效节能炕可依照《民用省柴节煤灶、炉、炕技术条件》（NY/T 1001—2006）、《高效预制组装架空炕连灶施工工艺规程》（NY/T 1636—2008）进行建设，火炕性能试验和测定方法主要有《民用火炕性能试验方法》（NY/T 58—2009）。

高效落地炕具体建设内容与要求包括：炕板预制，改小炕面为大炕面，改平式炕面为翘边式炕面；砌筑炕体，采取立砖砌筑炕墙，改炕头堵式分烟为炕梢人字缓流式分烟结构，改多炕洞为单炕洞，炕内冷墙部分设置保温层；砌筑烟囱，规范烟囱高度；安装灶门、进烟口插板、烟囱插板，增强保温效果；炕体表面贴瓷砖，美化居室。高效架空炕需增加底部炕板和炕柱。

通过标准化建设，高效节能架空炕热效率可达到 70%，高效节能落地炕热效率可达到 60%，与 20 世纪 80 年代以来推广的节能（落地）炕相比，热效率分别提高 15 个百分点和 25 百分点。

高效节能炕主要建于"三北"（东北、西北、华北）地区及西南高海拔寒冷地区，尤其是长城沿线及其以北的高海拔寒冷地区，更是高效节能炕推广的重点地区。高效节能炕的推广必须全面实现"炕连灶"，即高效节能炕与新型省柴节煤灶配套建设，强强组合。

（三）高效低排多功能炉

目前，我国推广的高效低排炉主要有炊事炉、炊事采暖炉、炊事烤火炉等多种类型，重点推广高效低排炊事采暖炉和高效低排炊事烤火炉等多功能炉。与 20 世纪 80 年代以来推广的节能炉相比，高效低排多功能炉比较突出的技术改进主要有：一是燃料适应性广，各种生物质燃料均可使用，而且一次加料可长时间连续燃烧；二是燃烧室结构合理，通过二次配风使燃料半气化燃烧，热效率高；三是燃料燃烧充分，有害物质排放低，且避免了有害物质对炉具本体的腐蚀问题，延长炉具寿命；四是炉具多功能化。以高效炊事采暖炉为例：炉膛热转换能力强，炉具功率达 25 千瓦，有效供暖面积 50～120 米²，连接 20 柱 1 700 连接积害暖器片 3～7 组，15 分钟暖器片体表温度大于 60 ℃，30 分钟左右使房间温度全面提升，45 分钟后室内温度上升 6 ℃以上。

适用燃料包括薪柴、秸秆、生物质成型燃料、煤炭等。通过政府补贴，引导农民群众自愿购置适合当地生活条件和生活习惯的高效低排多功能炉，同时通过专项技术培训，帮助用户熟练掌握操作技能。项目购置的多功能炉要求炊事采暖综合热效益不能低于 60%。

高效低排炊事采暖炉与高效低排炊事烤火炉推广应用针对的主要矛盾是农户冬季取暖问题。高效低排炊事采暖炉配备有热水内胆，且与暖气片相连，主要用于冬季寒冷漫长的北方地区冬季取暖，辅以炊事。高效低排炊事采暖炉内胆无法拆除，暖季无需取暖时也就不能再作为单纯的炊事炉使用，否则会烧炸内胆。南方冬季取暖时间短，不宜购置和安装费用较高的高效低排炊事采暖炉，应将高效低排炊事烤火炉作为主推对象。高效低排炊事烤火炉散热快，冬季以取暖为主，辅以炊事；春、秋季节仍可作为单纯的炊事炉，只有夏季高温季节可将其停用。

高效低排多功能炉生产和推广应用可依照的技术标准包括《民用省柴节煤灶、炉、炕技术条件》（NY/T 1001—2006）、《户用生物质炊事炉具通用技术条件》（报批稿）、《生物质炊事烤火炉具通用技术条件》（报批稿）、《生物质炊事采暖炉具通用技术条件》（报批稿）、《民用生物质固体成型燃料采暖炉具通用技术条件》（NB/T 47025—2011）、《民用水暖煤炉通用技术条件》（GB 16154—2005）、《民用水暖炉采暖系统安装及验收规范》（NY/T 1703—2009）。高效低排多功能炉性能试验和测定方法主要有《民用水暖煤炉热性能试验方法》（GB/T 16155—2005）、《户用生物质炉灶热性能和烟尘排放测试方法》（报批稿）、《户用生物质炊事炉具性能试验方法》（报批稿）、《民用生物质固体成型燃料采暖炉具试验方法》（NB/T 47025—2011）、《生物质炊事采暖炉具试验方法》（报批稿）、《生物质炊事烤火炉具试验方法报批稿》、《民用柴炉、柴灶热性能试验方法》（NY/T 8—2006）。

（四）生物质综合利用设施

生物质综合利用主要包括农作物秸秆的肥料化、饲料化、原料化、综合利用以及人畜粪便的循环利用。近期重点是为了配套新型省柴节煤灶、高效节能炕和高效低排多功能炉的推广应用，推广生物质能源化利用设施，主要是农作物秸秆压缩致密生产成型燃料设施。该设施多采用环模成型工艺，主要由料斗、螺旋供料器、搅拌调质器、压粒器、电机及减速传动装置等组成。原料在配料仓内加入粘结剂，并由配料仓内的抄板进行搅拌混合，调湿处理，匀料板将调质好的物料均匀地分配到模、辊之间，由模、辊的旋转，将模、辊间的物料钳入、挤压，最后成条柱状从模孔中被连续挤出来，再由安装在压模外面的固定切刀切成一定长度的颗粒成型燃料。

为有效解决秸秆焚烧和粪便排放造成的环境污染问题，坚持变废为宝、化害为利的原则，按示范村生产生活产生的农作物秸秆、人畜粪便等生物质资源状况，采取多管齐下、综合利用的方式，综合平衡秸秆肥料化、饲料化的资源需求，对剩余的农作物秸秆进行能源化利用，将秸秆吃干榨尽，提高资源利用效率。秸秆能源化利用设施运行采取公司加农户的形式，建设小规模、网络化的分散运行模式，通过秸秆能源化利用设施将农作物秸秆以及林业生产的废弃物压缩为成型燃料，体积缩小6～8倍，密度为1.1～1.4吨/米³，能源密度相当于中质烟煤，使用时火力持久，炉膛温度高，燃烧特性明显得到改善，可为农村居民提供优质的生活能源，为新型省柴节煤灶、高效节能炕和高效低排多功能炉的推广应用提供燃料保障。秸秆能源化利用设施主要包括粉碎设备和成型设备。生物质能源化利用设施可参照《生物质固体成型燃料成型设备技术条件》（NY/T 1882—2010）、《生物质固体成型燃料技术条件》（NY/T 1878—2010）等标准。

（五）太阳能热水器

太阳能热水器是利用太阳辐射能转换成热能，提供生活、生产用热水的装置。由于真空管热水器使用寿命长和一年四季均可使用，市场占有率达70％以上。农户安装一台1.5米²的真空管式太阳能热水器，每日可提供50～60℃的热水120千克左右，基本满足农户对热水的需要。在太阳能资源丰富、经济较发达地区，为农户安装真空管式太阳能热水器，其中包括1.5米²的太阳能集热器，并配备120升的储热水箱。

（六）太阳灶

太阳灶是利用太阳能辐射，通过聚光获取热量，进行炊事烹饪食物的一种装置。它不烧任何燃料，没有任何污染，正常使用时比蜂窝煤炉还要快，和煤气灶速度一致。太阳灶基本上可分为箱式太阳灶、平板式太阳灶、聚光太阳灶。太阳灶可补充农户部分炊事用能，在干旱缺能、低收入地区受到群众的极大欢迎。在太阳能资源丰富、干旱缺能、低收入地区，为农户提供1.8～2.0米²的聚光型太阳灶。

（七）太阳能路灯

太阳能路灯是利用太阳辐射能转换成为电能的装置。该装置以太阳光为能源，白天太阳能电池板给蓄电池充电，晚上蓄电池给灯源供电使用，无需复杂昂贵的管线铺设，可任意调整灯具的布局，安全节能无污染，无需人工操作工作稳定可靠，节省电费免维护。太阳能路灯系统由（包括支架）、LED灯头、太阳能灯具控制器、蓄电池（包括蓄电池保温箱）和灯杆等几部分构成。太阳能电池组件一般选用单晶硅或者多晶硅太阳能电池组件；LED灯头一般选用大功率LED光源；控制器一般放置在灯杆内，具有光控、时控、过充过放保护及反接保护，更高级的控制器更具备四季调整亮灯时间功能、半功率功能、智能充放电功能等；蓄电池一般放置于地下或则会有专门的蓄电池保温箱，可采用阀控式铅酸蓄电池、胶体蓄电池、铁铝蓄电池或者锂电池等。太阳能灯具全自动工作，不需要挖沟布线，但灯杆需要装置在预埋件（混凝土底座）上。

（八）小型离网发电系统

小型离网发电系统主要包括小型光伏发电系统、以小型风力发电为主的风—光互补系统，其供电成本低，是解决边远农村地区供电的最佳经济有效途径。

小型光伏发电是利用单晶硅、多晶硅或非晶硅半导体电子器件光伏效应原理有效地吸收太阳辐射能，并直接转变成电能的发电方式。单晶硅太阳能电池的光电转换效率为15%左右，最高的达到24%。多晶硅太阳能电池的光电转换效率约12%，制作成本相对较低。光伏发电系统主要包括太阳能板，配套蓄电池、逆变器、整流器、控制器及附属部件。

由于风力资源和阳光资源在不同季节、天气条件下的分布不同，具有一定的互补性。充分利用风能和光能资源发电，可减少采用单一资源可能造成的电力供应不足或不平衡，弥补了风电和光电独立系统在资源上的缺陷，充分利用风力发电、光伏发电的各自优点，互为补充，大大提高了系统的性价比与供电可靠性。同时，风电和光电系统在蓄电池组和逆变环节是可以通用的，所以可降低风光互补发电系统的造价。在人员分散，而风、光资源丰富的边防、海岛地区，应充分利用当地优越的风、光资源，建立光伏发电、风力发电互为补充的风—光互补供电系统来解决当前边远地区人民群众的日常用电。风—光互补发电系统由太阳能光电板、小型风力发电机组、系统控制器、蓄电池组和逆变器等几部分组成。

（九）生活污水净化池

生活污水净化池是一种处理居民生活污水的装置。它适用于无力修建污水处理厂或城镇污水管网覆盖不到的农村社区。生活污水包括厨房餐饮用水、淋浴、洗涤用水和冲厕所用水。根据生活污水的特点，把污水厌氧消化、沉淀过滤处理技术融于一体进行设计。其工艺技术是：在缺氧的条件下，利用厌氧微生物（包括兼氧微生物）分解有机物的方法，也称厌氧消化或厌氧发酵产生沼气。由于进入沼气池的生活粪便污水是在缺氧的条件下发酵对有机物进行分解，使很多细菌和寄生虫卵不能生存而被杀灭。此外，生活污水属于可生化性的污水，污水中含有一定固体物质，因而要对收集来的污水先进入沉淀池沉淀，经过沉淀的污水自动进入厌氧池进行生物厌氧反应；厌氧反应出来的水中仍带有（较小颗粒）悬浮物，再经过多级过滤，使其水体中的COD、BOD_5值降低。生活污水净化处理污水的性能明显优于通常农户建的户用沼气池，并且净化沼气池的出水口无蚊蝇滋生。如果应用净化沼气池＋人工湿地或好氧塘的模式对生活污水进行处理，排水水质可达到国家《污水综合排放标准》（GB 8978—1996）和城镇二级污水处理厂排放标准，用于农田灌溉。应用生活污水净化处理农村生活污水具有投资省、占地少、低维护、不耗能、费用低、运行稳定、节约资源、使用寿命长、处理效果好等优点。

该设施采用砖和钢筋混凝土结构，不易风化和腐蚀，使用寿命长；无需机械和动力设备，水处理属自流，一般装置运行 3～5 年由专业营运公司清掏维护一次。该设施的主体工程一般建在地下，节约土地，不影响环境美观，可在主体工程上面搞绿化，建设负荷轻的便民设施及景观工程。

第四节　不同区域类型特点

坚持"因地制宜，多能互补，综合利用，讲求效益"的方针，结合不同区域的气候特点和农户的生活需求、经济条件，发展农村生物燃气集中供气；以村为平台，集成推广生物质综合利用、高效低排省柴节煤炉灶、生活污水净化处理、太阳能光热光伏转换、小型风电等技术和产品，系统解决农村炊事、采暖、洗浴、照明和生活污水的净化处理利用，增加农村清洁能源供应，提升生活用能品位，改善生活环境，同时配套农业生产节能技术、生态农业工程技术等成熟技术模式，实现农村能源清洁化、农民生活低碳化、农业生产生态化、废弃物资源化，建设美丽乡村，推进农村生态文明。

一、东北平原区

该地区包括辽宁、吉林、黑龙江三省。

1. 区域特点　该地区共有 290 县（市、区），土地总面积 79 万千米^2，总人口约 10 715 万人，分别占全国的县（市、区）总数、土地总面积和总人口的 10.1%、8.3% 和 8.4%。全区年产秸秆 1.2 亿吨左右，共有 12.1 万个自然村，乡村户数 1 573 万户，乡村人口约 5 692 万人。平均每个自然村 130 户、472 人，年产秸秆 1 000 吨左右。该区域气候寒冷，采暖期长，农村生活能源消费结构以柴薪、秸秆、煤混合型为主，柴薪、秸秆直接燃烧的比例过大，炉、灶、炕燃煤污染严重，室内空气质量差。农村生活污水以分散直排为主，污染严重。

2. 农村能源采用技术类型　发展农村生物燃气集中供气为农户提供清洁燃气，配建生物质能源化利用设施，安装高效低排炊事采暖炉、高效节能架空炕连灶、太阳能热水器、太阳能路灯，建设生活污水处理系统。

二、西北干旱区

该地区主要包括山西、内蒙古、陕西、宁夏、甘肃、新疆、青海 7 个省（自治区）。

1. 区域特点　该地区共有 576 县（市、区），土地总面积 435 万千米^2，总人口约 14 946 万人，分别占全国的县（市、区）总数、土地总面积和总人口的 20.1%、45.7% 和 11.7%。全区年产秸秆 1 亿吨，共有 58.9 万个自然村，乡村户数 2 554 万户，乡村人口约 10 327 万人。平均每个自然村 43 户、175 人，年产秸秆 220 吨。该区域气候干旱寒冷，采暖期长，农村以燃煤、秸秆为主要生活能源，分别为 43.17% 和 33.31%。人均秸秆资源占有量约 1.3 吨，综合利用率平均不足 40%。

2. 农村能源采用技术类型　发展农村生物燃气集中供气为农户提供清洁燃气，配建生物质能源化利用设施，安装高效低排炊事采暖炉、高效节能架空炕连灶、太阳能热水器、太阳能路灯、户用光伏发电系统，建设生活污水处理系统。

三、黄淮海平原区

该地区主要包括北京、天津、河北、山东、河南、江苏、安徽 7 个省、直辖市（江苏、安徽不包括淮河以南地区）。

1. 区域特点　该地区共有 614 县（市、区），土地总面积 67 万千米^2，总人口约 35 458 万人，分别占全国的县（市、区）总数、土地总面积和总人口的 21.5%、7.1% 和 27.8%。全区年产秸秆 2.2 亿吨，共有 61.1 万个自然村，乡村户数 7 416 万户，乡村人口约 27 047 万人。平均每个自然村 121 户、442 人，年产秸秆 770 吨。该区域气候温暖、湿润，是我国典型的农牧业生产基地。冬季采暖期较长，农村生活能源消费以煤炭、秸秆、生物燃气和薪柴混合型为主，其中煤炭占 40%，秸秆占 38%，薪柴占 12%。人均秸秆资源占有量 1.75 吨。

2. 农村能源采用技术类型　发展农村生物燃气集中供气为农户提供清洁燃气，配建生物质能源化利用设施，安装高效低排炊事采暖炉、太阳能热水器、太阳能路灯，建设生活污水处理系统。

四、西南高原山区

该地区包括云南、贵州、四川、重庆、广西、西藏 6 个省（自治区、直辖市）。

1. 区域特点　该地区共有 618 县（市、区），土地总面积 257 万千米^2，总人口约 25 039 万人，分别占全国的县（市、区）总数、土地总面积和总人口的 21.6%、27.0% 和 19.6%。全区年产秸秆 1.3 亿吨，共有 79.8 万个自然村，乡村户数 5 394 万户，乡村人口约 20 551 万人。平均每个自然村 68 户、258 人，年产秸秆 160 吨。该区域以亚热带气候为主，多数地区冬无严寒，但在西藏大部、川西高原、云贵高原中高山区等高海拔寒冷或严寒地区，冬季需要取暖。农村生活能源消费以柴薪、秸秆和煤混合型为主，其中柴薪和秸秆占 60%，基本为直接燃烧。农村用能多使用传统炉灶，能耗高、污染严重。农村生活污水处理率低，雨污合流进入水体，严重影响水质。

2. 农村能源采用技术类型　发展农村生物燃气集中供气为农户提供清洁燃气，安装高效低排生物质炊事烤火炉、太阳能热水器、太阳能路灯，建设生活污水处理系统。

五、东南丘陵区

该地区包括上海、浙江、福建、江西、湖北、湖南、广东、海南、江苏、安徽 10 个省、直辖市（其中江苏、安徽省不包括淮河以北地区）。

1. 区域特点　该地区共有 763 县（市、区），土地总面积 113 万千米²，总人口约 41 360 万人，分别占全国的县（市、区）总数、土地总面积和总人口的 26.7%、11.9% 和 32.4%。全区年产秸秆 1.7 亿吨，共有 85.8 万个自然村，乡村户数 9 130 万户，乡村人口约 34 146 万人。平均每个自然村 106 户、398 人，年产秸秆 400 吨。该区域以亚热带气候为主，但在长江流域及其以北地区冬季较为湿冷，有 2~3 个月需要取暖。农村生活能源消费以柴草、煤、液化气和生物燃气的混合型为主，人均秸秆资源占有量约 1 吨，柴草直接燃烧占到 55%。农村生活污水无序排放，环境污染严重。

2. 农村能源采用技术类型　发展农村生物燃气集中供气为农户提供清洁燃气，配建生物质能源化利用设施，安装高效低排生物质炊事烤火炉、太阳能热水器、太阳能路灯、户用光伏发电系统，建设生活污水处理系统。

第五节　典型案例

一、大型秸秆联户沼气工程案例

河北省青县耿官屯村大型秸秆联户沼气供气站始建于 2008 年，采用纯秸秆中温高浓度发酵工艺制取沼气。工程总投资 1 100 万元，占地 8 亩，建设发酵罐总容积 2 650 米³（2 个 1 000 米³、1 个 650 米³ 的发酵罐），储气罐容积 2 700 米³（2 个 350 米³、1 个 2 000 米³ 的储气罐），其他包括原料储存车间、粉碎车间、控制室、上料车间、办公区等，供气能力可达 3 000 户以上，除满足耿官屯村居民生活用气外，还可供应县城部分居民用气。其工艺流程为：以搅拌机、泥浆泵为动力，将秸秆同其他辅料按照一定比例混合均匀加水搅拌后，经过进料口，通过泥浆泵将发酵原料打入沼气发酵罐，在 37~55 ℃ 和 pH6.8 的环境下进行发酵产气。其过程如下：秸秆—粉碎—加菌种—加入 40~60 ℃ 热水—搅拌—打入发酵罐—产气—脱水—脱硫—入储气罐—输配系统—入户使用。目前，该供气站已经满足了 1 700 多户居民做饭、800 人同时就餐的喜庆大厅厨房用气，以及河北耿忠生物质能源开发有限公司 1 100 米²

办公楼取暖用气。工程满负荷运行后，预计可日产沼气 3 000 米³ 以上，年可以消耗鲜体秸秆 8 200 吨，年产沼气 110 万米³，年产沼渣 4 000 米³。

1. 经济效益　当地秸秆、人工、水、电、添加剂及维修费等成本约 1.2 元/米³，一般供应农户沼气优惠售价是 1.6 元/米³。因 1 米³ 的沼气和 0.5 千克液化气的热值相当，目前青县液化气市场价格是 4.5 元/千克，沼气和液化气相比，每使用 1 米³ 沼气可为居民省 2.9 元，沼气站每年可促进节支增收 453 万元（其中使用沼气后全年可让居民节省燃气费 319 万元；每吨鲜体秸秆约 100 元，农民把秸秆卖给气站还可增收 82 万元；因沼气销售沼气站增收 44 万元；沼渣售价为每立方米 20 元，年可增收 8 万元）。将沼液、沼渣进行深加工后，成为育苗基质或绿色有机肥料，1 米³ 沼渣可增加附加值 500 元左右。

2. 社会效益　农作物秸秆不再入村，街道、庭院干净卫生了，从而改善了农村脏乱差的环境面貌；用上沼气以后改变了农民的传统的生活方式，过上和城市人一样的生活，厨房卫生干净了，做饭不再是烟熏火燎。

3. 生态效益　每天每户用秸秆沼气可减少燃烧秸秆 5 千克，3 000 户居民每年减少直接燃烧秸秆 5 475 吨；可以节约标煤 785 吨；减排二氧化碳 2 040 吨；减排二氧化硫 6.67 吨；减排氮氧化物 5.81 吨；减排粉尘 0.94 吨，减少大气污染，减少了水土流失，有效地保护了生态环境。

大型秸秆联户沼气工程示意见图 5-1。

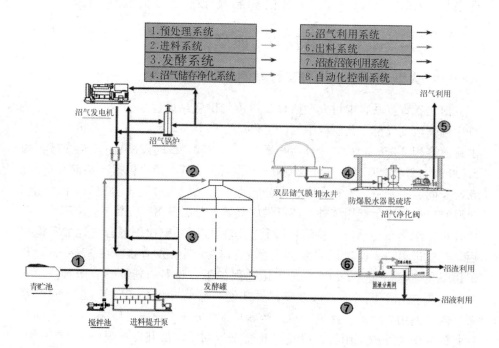

图 5-1　大型秸秆联户沼气工程

二、新型民居低碳减排绿色生活模式

(一)楼房式新民居低碳减排绿色生活模式介绍

1. 主要工艺　该模式是以秸秆、粪便、垃圾和生活污水等无害化处理、资源化利用和提供农户炊事用能为重点,采用秸秆沼气工程配套建设粪便污水沼气工程,对秸秆、粪便、有机垃圾和黑水(冲厕污水)进行厌氧发酵,生产沼气,沼肥用于发展循环农业;灰水(含有杀菌剂的生活污水)采用生活污水生态净化处理,通过景观湿地后,实现中水回用。

2. 运行效果　有效地增加了农村清洁能源,改变环境卫生状况,减少温室气体排放。

(1)有效处理固体有机垃圾　推行"垃圾不落地"原则,将农户每天产生的固体垃圾分类处理,固体有机垃圾全部收集到沼气站进行厌氧发酵制取沼气,实现有机垃圾沼气化、零填埋。

(2)减排和利用生活污水　农户每天人均生活污水一般按100升计算,其中30升为黑水(冲厕污水),70升为灰水(做饭、洗浴等生活用水)。利用上述模式,70升灰水转化成等量的中水:一是利用生活污水沼气净化池达标排放的30升中水回冲厕所,节省30升清水;二是30升冲厕水收集到沼气站制取沼气,沼渣沼液用于生态观光园和蔬菜大棚施肥,减少排放30升污水;三是剩余40升中水可用来作湿地景观,浇树、浇花草,节省了清水。实现了污水净化、有机固体垃圾回收、循环利用。

(3)实现节能减排　以1000户为例,户均3.5人口,年可消化秸秆、粪便、生活垃圾和污水超过 0.2 万吨，节标煤约 652 吨，减排二氧化碳 1 695吨，节水 12.77 万吨。

（二）别墅式新民居多能互补低碳减排绿色生活模式

该模式是在楼房式低碳减排主要工艺技术集成的基础上，由于是别墅或单院平房新民居住宅，增加了被动式太阳房，主动式太阳能热水器和秸秆成型燃料加住宅保温措施，解决冬季采暖（图 5-2）。

图 5-2　河北省楼房式新民居低碳减排绿色生活模式

1. 模式原理　主要是将被动式太阳能集热墙采暖、太阳能热水采暖和秸秆成型燃料炊事采暖炉三种技术集合捆绑在一起，配套地板辐射采暖和墙体节能保暖及温度自动控制系统为一体的综合性太阳能多能互补采暖技术。充分发挥技术集成的优势，达到多能互补的作用和冬季采暖不烧煤的节能减排效果。

2. 建设内容　该模式建大型沼气集中供气、污水处理等循环利用技术外，还主要包括：①太阳能热水采暖系统（由太阳能真空玻璃管、蓄热水箱、地板辐射采暖和自动化温度控制器组成；②被动式太阳能集热墙热风采暖系统；③秸秆成型燃料炊事采暖炉具采暖补偿系统；④节能保温墙体。

3. 运行效果　在获取楼房式新民居模式运行效果的同时，还可达到显著的采暖效果。被动式太阳能集热墙、太阳能热水器、秸秆成型燃料炊事采暖炉具三种采暖方式的应用，可使室内温度保持在 18 ℃左右。沼气工程、太阳房、太阳能热水器和秸秆成型燃料炊事采暖等新能源技术的综合利用，大大增强了别墅式或单院平房式新民居示范村节能减排的效果。别墅式新民居多能互补低碳减排绿色生活模式年可实现节标煤约 2 250 吨，减排二氧化碳 5 850 吨。

（三）承德县秸秆打捆直燃集中供暖案例

承德县石灰窑乡政府为连栋平房结构，总建筑面积约 1 000 米²。2013 年以前，冬季取暖采用 0.7 兆瓦的燃煤锅炉，每个取暖期消耗原煤约 90 吨。承德本特生态能源技术有限公司承建该乡政府燃煤锅炉改造工程，应用秸秆打捆直燃锅炉集中供暖模式，选用一台 RM－36 型秸秆打捆直燃高效锅炉，采用农作物原生秸秆或"林业三剩物"直接打捆作为燃料，进行实行集中供暖。

卸甲营小学为二层砖混结构教学楼，无墙体保温，单层玻璃木框门窗，建筑面积 1 000 米²。2013 年以前冬季取暖采用 0.5 兆瓦的燃煤锅炉集中供暖，暖器片取暖，去除寒假，供暖期 100 天，消耗原煤 40 吨，教室内温度在 13～15 ℃。改造选用一台 RM－36 型秸秆打捆直燃高效锅炉。

石灰窑乡政府锅炉改造总投资 14.5 万元，据不同时段实地测温，室内温度达到 18～21 ℃。秸秆直燃打捆锅炉日消耗玉米秸秆 800 千克，按 150 天取暖期计算，共需消耗 120 吨玉米秸秆。现秸秆收购价 200 元/吨，打捆后成型燃料 260 元/吨，整个取暖期燃料费用为 3.12 万元。改造前，使用燃煤锅炉按目前燃煤价格 500 元/吨计算，需燃煤费用 4.5 万元，相比较使用秸秆直燃打捆锅炉可节省燃料费用 1.38 万元，减少排放二氧化碳 401.4 吨、二氧化硫 3.05 吨、粉尘 3.05 吨。

卸甲营小学锅炉改造总投资 24.5 万元，据不同时段实地测温，教室内温度达到 18 ℃以上，日消耗秸秆 600 千克，冬季扣除寒假约需秸秆 60 吨。目前，秸秆收购价 200 元/吨，由于运距较近，秸秆打捆成型燃料 230 元/吨，取暖期燃料费用为 1.38 万元。改造前，使用燃煤锅炉按目前燃煤价格 500 元/吨计算，需燃煤费用 2 万元，与改造后相比较节省燃料费用 0.62 万元，减少排放二氧化碳 178.4 吨、二氧化硫 1.32 吨、粉尘 1.32 吨。

该模式具有以下特点：由企业作为建设运营主体，在已经实行集中供暖的村、镇，进行锅炉替换，由烧煤改烧打捆秸秆，为农户供暖。这种模式特点是，使用打捆秸秆方便快捷，原料价格低，适宜农作物秸秆或"林业三剩物"资源丰富、方便打捆机械大面积作业的地区，适用于乡镇企事业单位、新民居、农业生产等进行集中供暖清洁燃烧改造。

（四）围场县多能互补综合利用案例

围场满族蒙古族自治县哈里哈乡扣花营村，辖 12 个居民组，总户数 446 户，总人口约 1 636 人。推广多能互补综合利用模式，一是安装生物质炊事采暖炉具 300 台；二是建设户用沼气池 200 户，年产沼气 7.7 万米³，沼渣沼液 3 000 吨，用于 25 亩温室生产无公害蔬菜和 500 亩绿色农产品观光园施肥；三是安装太阳能热水器 120 台；四是安装太阳能路灯 35 盏。该村多能互补综合利用模式建设总投资 475.4 万元，年节煤 254.9 吨以上，年增收节支 64.3 万元。

该模式具有以下特点：充分发挥生物质能、太阳能等清洁能源多能互补、综合利用的优势，综合利用生物质炊事采暖炉具、户用沼气、太阳能热水器、太阳能路灯等清洁能源利用方式。适宜有户用沼气池建设基础、以种植业为主导产业的农村面貌改造提升村中推广。

（五）固安县"五位一体"太阳能采暖房案例分析

固安县南王起营村试点建设"五位一体"太阳能采暖房 10 户。系统分为 5 个单元：太阳能主动热水供暖单元；地板辐射供暖单元；外墙屋顶隔热保温节能单元；生物质成型燃料炉具补偿单元；自动控制单元。以建筑面积 100 米^2 的太阳能采暖房计算，整套系统需资金 4 万元。每个采暖期太阳能采暖房比传统采暖炉可节煤 3.28 吨，太阳能暖房四季提供的炊事、洗浴用热水可节煤 3.12 吨，两项合计每年可节煤 6.4 吨。每年减少排放二氧化碳 16.64 吨、减少排放二氧化硫 54.4 千克、减少排放氮氧化物 47.36 千克、减少排放粉尘 416 千克、减少排放炉渣 1.84 吨。"五位一体"太阳能采暖房技术，是根据我国北方冬季具有时间长、气温低、天气寒冷特点，将太阳能和生物质能等有机结合在一起，充分发挥技术集成优势，形成一个四季节能取暖供热水系统。适宜我省农村富裕农户新建住宅，需满足以下要求：一是足够的集热器安装空间，平房或低层建筑；二是对建筑节能性能要求高，墙体和屋面增加保温材料，外窗采用中空塑钢窗，门为隔热门；三是屋内散热方式最好使用地板采暖。

第六章

城郊集约型能源生态建设

第一节　国内外发展概况

一、国内发展概况

城郊农业区，是指由于城市职能及空间的拓展，郊区的土地、劳动力、生产生活方式等在生态—经济—社会综合效益的推动下，以区域生态环境安全可靠、生产活动优质高效、多种城乡职能协调发展为目标，以农业用地为主、多种土地利用方式共存的多功能区域。其具有依托城市、服务城市、与城市共融互动的显著特点。

进入 21 世纪以来，城市化进程加快为社会发展提供了强大的动力，随着国内各大中心城市功能的全面化、城郊集约化水平的不断提升、区域同城化效应的不断强化，中国的城镇化发展已经迈入了经济、社会、文化、环境全面协调可持续发展、城郊统筹一体的新型城镇化阶段。中共十八大报告中，强调了城镇化将成为中国全面建设小康社会的重要载体，更是撬动内需的最大潜力所在。新型城镇化要求采用集约、智能、绿色、低碳的生态方法和技术对能源利用和生态环境建设进行合理规划，加强农村能源生态建设已成为新型城镇化进程中的重要环节。

城郊集约化发展，是指坚持以人为本，以新型工业化为动力，以统筹兼顾为原则，推动城市现代化、城市集群化、城市生态化、农村城镇化，全面提升城镇化质量和水平，走科学发展、集约高效、功能完善、环境友好、社会和谐、个性鲜明、城乡一体、大中小城市和小城镇协调发展的城镇化建设路子。城郊集约化发展的特征是统筹和规划城乡发展，特色就是要由偏重城市发展向注重城乡一体化发展转变，也就是说要由原来的"重城轻乡""城乡分治"，转变为城乡一体化发展。要鼓励城市支持农村发展，积极推进城乡规划、产业布局、基础设施、生态环境、公共服务、组织建设"六个一体化"，促进城乡统筹发展，提升新农村建设的整体水平。

城郊集约型能源生态建设是在城郊集约化发展中的重要一步，我国城郊集约型能源生态建设已经取得了阶段性的成果。

1. 促进了经济可持续发展 通过农村能源生态建设，合理开发利用农村地区蕴藏丰富的太阳能、地能、生物质能等可再生能源资源以及大量的农林牧生产加工废弃物资源，以多种能源互补的方式广泛应用于农民生活、农业生产中，形成产业体系发展，解决农村就业问题，增强农村地区经济发展的可持续性。

2. 改善了生态环境 通过对农业生产、农民生活污废治理实现了农村环境清洁化，农林牧业废弃物能源化、肥料化，提高了农村清洁可再生能源利用率。通过农村能源实用技术的不断创新，农村能源生态建设项目的逐步推广，促进了农村公共卫生处理设施改造，提高了居民环境保护的意识，健全了农村环境保护体系，有效地改善了农村环境状况。

3. 提升了科技水平 通过与企业、高校合作研发，示范应用推广了先进的农村能源技术，扩大了农村能源技术应用领域，提升了技术水平。

与此同时，也看到了有待发展之处。

1. 应转变观念，加强职能管理 城郊集约型能源生态建设推进过程中，要求树立全面、均衡、持续发展的理念，进一步健全和完善农村能源机构和职能；加强农村能源队伍建设，及时充实农村能源技术力量，提高从业人员的知识与技能，建设一支与当前新形势、新任务相适应的农村能源队伍；出台相关配套政策措施，进一步加大对农村能源生态建设的资金投入。

2. 应统筹规划，合理开发 树立"科学规划"的理念，按照因地制宜、合理布局的思路，坚持高起点、高标准，搞好农村能源生态建设的科学规划设计。要注意坚持因地制宜、合理布局的原则，统一规划，分步开发利用农林牧废弃物、太阳能、地热能、空气能等农村可再生能源，要开展农村可再生能源资源调查，摸清数量和分布情况，逐步推广适用技术和模式，合理开发利用各种农村可再生能源，实现资源能源化、循环化利用，促进农村经济可持续发展。

3. 应建管并重，讲究实效 要加快从"重建设"向"建管并重"的转变，实现农村能源生态建设项目实施前、建设中、实施后全程的管理。项目实施前要考虑资源情况、经济发展情况、农民群众的接受程度和技术的适用性、安全性；建设中要严格贯彻落实各项项目建设制度，注重项目建设质量和安全；实施后要加强项目的管护，提高已建项目的运行利用率，确保农村能源生态建设工程的安全、稳定和可持续运行，进一步提高项目实施效益。

4. 应依托科技，不断创新 城郊集约型能源生态建设要求不断提升城镇化建设的质量和内涵，一方面要坚持科技创新的意识，通过自主创新和引进科技成果，加快研究开发一些适应城郊农村经济发展需求的农村能源新技术和新工艺，努力提高科技在农村能源生态建设中的含量，发挥科技兴能的作用；另一方面要大力推广适应农业、农村的可再生能源开发利用新技术、新模式，走资源化、能源化、肥料化发展之路，推动农村能源生态建设上档次、增实效，促进农村能源生态建设和农业循环经济发展。

二、国外发展概况

现今，发达国家进入后工业化社会后，其农业的发展也相应的进入了都市农业阶段。国外城郊农业区的功能定位、发展目标不尽相同，可将其归纳为三大基本模式：以美国为代表的高度专业化、高度集约化、高产量、高效益的以经济功能为主的城郊农业发展模式；以中西欧国家为代表的注重农业生产和居民生活的协调，较侧重生态与社会功能的城郊农业发展模式；以日本、新加坡为代表的以经济功能为主，兼顾社会与生态功能的城郊农业发展模式。

在此以日本、新加坡、荷兰和美国为例来描述国外对城郊集约型能源生态建设的研究进展。

(一) 日本

日本是一个土地资源十分有限的岛国，在经过 20 世纪 60—70 年代经济的高速增长后，城市扩张迅猛，城市周边地区的地价不断上涨。由于土地私有制，为保留土地以达到增值的目的，一些农户不愿过早出卖自己所拥有的土地，于是将继续耕种的土地在高楼大厦林立的城市内保留了下来，在某种意义上说这也是城郊集约型农村发展的一个形态。日本的这种城郊集约型的农业发展模式主要可以概括为三类。

1. 观光型农业　即设立菜、稻、果树等田园，吸引游人参观体验，形成了城市与农村间多元循环体系。

2. 设施型农业　即在一定范围内运用现代科技与先进的农艺技术，建立现代化的农业设施，一年四季生产无公害农副产品。

3. 特色型农业　即通过有实力的农业集团建设一些有特色的农副产品生产基地，并依托先进的科技进行深层次开发，形成在国际市场上具有竞争力的特色农业。

(二) 新加坡

新加坡总面积仅有 556 千米^2，与日本相似，同样自然资源贫乏，本地只生产少量蔬菜、花卉、鸡蛋、水产品和乳制品等，农产品不能自给。在其城市化水平日益提高的情况下，耕地不断减少，农业发展受到了资源匮乏的严重制约。在此背景下，现代化的城郊集约型农业科技园成为新加坡最具代表性的农业模式。该模式以建设现代化的农业科技园为载体，以追求高科技和高产值为目标，最大限度地提高农业生产力。农业科技园的基本建设由国家投资，然后通过招标方式租给商人或公司经营，租期为 10 年。其中有一个用气耕法种植蔬菜的农场，是世界上第一个在热带国家以气耕法来种植蔬菜、生产富有营养而安全的新鲜蔬菜的农场。蔬菜的生长期由土耕法所需的 60 天缩短到 30 天，只是此种方式成本较高，当然如果生产高档蔬菜则优于进口。

(三) 荷兰

荷兰首都阿姆斯特丹，是国际著名的大都市。农业产品以出口为主，郊区主要发展蔬菜和花卉生产。其发展城郊集约型能源生态建设的主要经验可以概括为以下几点。

1. 大力调整农业结构，发展特色农业 20 世纪初，荷兰对失去优势的粮食生产没有采取"保护"政策，而是开放粮食市场，不失时机地调整农业结构，利用廉价的进口粮食大力发展畜牧业，很快使畜牧业成为主导产业。

2. 依靠先进的科学技术，发展现代农业 荷兰在采用节约土地技术的基础上，向资金替代劳动技术转变，应用现代的科学技术，实现高投入、高产出、高效益。荷兰大力发展世界一流的设施农业。2001 年全国玻璃温室面积超过 1.06 万公顷，占世界温室总面积的 1/4。特别是在西部的威斯兰地区，温室集中连片，设施先进，以"玻璃城"闻名于世。

3. 通过合作组织，发展规模经营 荷兰有十分兴旺而有特色的农业合作社。合作社体现两个方面：一是联合起来进行农产品生产、加工和销售；二是利用农民的合作银行筹集资金，对农业投资。

4. 大进大出，大力发展外向型现代农业 荷兰进口农产品分两类：一是土地密集型产品，包括粮食、豆类、油料等，特别是发展畜牧业所需的大量饲料；二是进口本国不能生产或很少生产的产品，如热带水果、咖啡、可可、茶叶等。同时，荷兰发挥自身优势，大力发展外向型的园艺业和奶牛业。荷兰首都阿姆斯特丹与周边几个城市共同发展现代设施园艺业，花卉占国际花卉市场总贸易量的 60% 多。

(四) 美国

美国的城郊集约型农业被称为都市区域内的农业，其生产的农产品价值已占美国农产品总价值的 1/3 以上，主要形式是耕种社区和市民农园。这是采取一种农场与社区互助的组织形式，在农产品的生产与消费之间架起桥梁。参与市民农园的居民，与农园的农民或种植者共同分担生产成本、风险及盈利，农园尽最大努力为市民提供安全、新鲜、高品质且低于市场零售价的农产品，社区为农园提供了固定的销售渠道，做到双方互利。

以上发达国家的实践经验为我们要推行的城郊集约型农村能源生态建设提供了可借鉴的模式和经验，也有利于准确定位能源生态建设的功能，科学地把握发展方向与模式，合理做好规划和布局。

第二节　基本情况和特点

一、城郊集约型能源生态建设基本情况

在现阶段城郊集约型能源生态建设主要有三种类型：城郊集约型庭院能源生态建设、城郊集约型基塘能源生态建设和城郊集约型日光能源生态建设。

（一）城郊集约型庭院能源生态建设

城郊庭院能源生态建设是综合应用生物学、生态学、农业科学，针对庭院生态系统的特点而形成的多层次物质能量利用的生态工程技术。这里的庭院可以扩展为企业的园区。

1. 生物及庭院空间的合理利用组装技术　应用生态位的原理，根据农业生物的生态特性及其生活在庭院生态系统中的时差和位差，合理地组装各种高产、优质、高效的农业生物，进行生产。

2. 物质多级利用和转化再生技术　在现有农业生物生产环节及食物链环节上，采取加环和接环的办法，组成新的食物链，提高初级产品的转化和利用效率，增加产品种类、产量和产值，同时对环境起净化作用。

3. 种养加相结合，农工商一体化相关配套生态技术　充分发挥人的体力和智力资源优势，把种植业、养殖业与加工业紧密结合起来，使产品经过加工的环节增值，在加工中产生的废弃物可以在系统中进一步循环利用，使资源得到充分利用，提高经济和生态效益。

4. 能源的合理开发利用技术　合理开发利用农村地区蕴藏丰富的生物质能、太阳能、地能等可再生能源，促进庭院能源生态建设的良性循环。

沼气技术是合理利用生物质能的重要技术之一。在庭院生态系统中开发沼气技术，不仅可以将废弃物充分利用变废为宝，而且为系统中提供了廉价的能源。家用沼气池可建在屋前或厕所、猪圈等相邻处，猪圈上层饲养鸡、兔，下层养猪，鸡兔粪便落入猪圈作为一部分饲料，猪粪尿和人粪尿进入沼气池，加入青草和秸秆，发酵后生成沼气，可用于农民生活的炊事、照明及取暖等。发酵后的沼液可以作为优质饲料，用于喂鱼，沼渣沼液也可以喂猪。因此，开发庭院生态系统中的沼气技术可以带动整个庭院生态系统走向稳定良性循环道路。

充分利用太阳能技术，也是庭院能源生态建设工程，促进庭院经济发展的重点，如利用塑料大棚、太阳能日光温室进行蔬菜的早季育苗与生产栽培，拓展蔬菜的生长时间形成反季节蔬菜上市，从而获得良好经济效益；使用地膜栽

培技术，利用薄膜透光、增温、保湿的性能，增加表土温度以延长蔬菜的生长期，提早栽培季节，进行保护地栽培，省工、早熟提前上市。这些都是充分利用太阳光能的生态技术方法。

在城郊集约型农业能源生态系统建设中，庭院的能源生态系统建设占据着特别重要的地位。由于人口密集与资源稀缺，加上商品生产高度发展的引导，城郊的庭院能源生态建设在生产结构及经营结构上同其他地方的能源生态建设有很大不同。在生产结构上，由于靠近城市，在物种结构上体现出了高度的多样性，可充分利用每一个生物种的潜力；在空间结构上充分考虑了空间互补、时间互补、高矮搭配，在有限空间创造出多样化的结构，形成物种的多样化与集约化；在时间结构上，按照生物的生长发育与市场规律来搭配一个合理的物质生产表，实现周年的生产与安排。因此，城郊的庭院能源生态建设更加体现出了集约性、经营性、立体综合性的特点。

（二）城郊集约型基塘能源生态建设

基塘是在以水面为主的低洼的湿地水网地区，建立的一种水陆结合的高效的物质和能量转化系统。由于我国南方多水，当地农民将一些低洼田挖成鱼塘，挖出的土将周围地基垫高称为"基"，在基上种植桑、果、稻、蔗等，出现了多种多样的基塘物质能源循环生态建设模式如桑基—鱼塘、草基—鱼塘、桑—蚕—猪—鱼等。

1. 桑基—鱼塘能源生态建设模式　桑基—鱼塘是一种充分利用水陆资源共享而创造出来的一种较为完善的种养模式。它能充分利用水体与田基上所提供的物质与能量，通过生物的分解、富集与再生获得高效率、高产值，保护环境、维护生态平衡。

其基本的生产模式是：利用鱼塘堤坡栽桑，桑叶养蚕，蚕沙、蚕蛹投入鱼塘，供鱼类使用。吃饵料的鱼吃剩的食料加上排泄物，可培育浮游生物，供其他鱼类取食，沉落到塘底的饲料残渣及排泄物则被微生物分解，形成富含有机质及其他营养元素的塘泥。随着蚕沙投放增多，时间的延长，鱼塘中的塘泥也增多。经过一定时间后挖取塘泥上基，既净化了鱼塘，又肥了桑基，形成了相互促进的桑基鱼塘型生态工程模式。

2. 草基—鱼塘能源生态建设模式　同桑基—鱼塘模式相似，草基—鱼塘是利用鱼塘的塘边坡地种草，以草养鱼，鱼池淤泥肥田肥草，节省投入的养鱼精料，降低养鱼成本，减少环境污染，提高养殖水平，实现良性循环的重要手段。草基—鱼塘的应用在于饲草的选择与栽培，通常以黑麦草栽培较为普遍。黑麦草因生长快、产量高、营养丰富、适应性强的特点，加上每亩可达 10 吨的产量，是草食性鱼类喜食的饲料。

3. 桑—蚕—猪—鱼能源生态建设模式　此生态工程模式是桑基—鱼塘生

态建设模式的进一步延伸与发展。其生产流程是：将蚕沙、蛹、剩叶不直接喂鱼而用于喂猪，猪粪下鱼塘养鱼，通过加入生猪饲养这个环节进一步提高物质转化效率。

桑、蚕、猪、鱼相互协调是取得最佳效益的前提。一般 3～5 头猪的粪尿加一定量的辅料，就能基本满足每亩产量为 500 千克左右鱼池对饵料的需要，一般 30～40 千克猪粪尿可增产 1 千克左右鲜鱼。猪粪施入鱼塘后，能繁殖大量的浮游生物，对以摄食浮游生物为主的鱼种非常适合。蚕沙作为猪的饲料，配合饲料法，将蚕沙晒干粉碎，经过一定工艺充分发酵，然后与其他饲料混合，制成符合标准的配合饲料，连同辅料一起喂猪。

（三）城郊集约型日光能源生态建设

日光能源生态建设主要是指充分利用太阳能，将其转化为农业生态系统中所需的电能、热能、生物质能等其他形式能量，从而减少人为化学能投入的一种资源节约、环境友好型的生态建设方法。在城郊集约型能源生态建设中的主要应用有塑料大棚、太阳能热水系统和太阳灶等。

1. 蔬菜塑料大棚　由于城郊靠近城市，是城市农副产品生产供应的主要基地，因此人工控制的塑料大棚成为城郊农业生态系统中的重要组成部分。温室和大棚的应用充分地利用了土地、时间与日光能，使得蔬菜的生产可以常年进行，提高了产量与效益。

塑料大棚的构造与建筑应根据当地的生产实际情况、光温条件、种植与养殖的项目来定。在选址上要注意背风向阳、土壤肥沃的地方，选择东西向为好，一般长 40～100 米，宽 7～10 米，材料的选择对大棚的使用寿命和保温效果关系极大，钢管结构成本高，但牢固耐用，稳定性好。竹木结构取材容易成本低廉，塑料大棚的塑料一般选用无色透明聚乙烯的防水滴薄膜，一般在较冷的地区采取双层覆膜，两膜中间相隔 5 厘米，形成空间，利于保温，一般可以使棚内温度增加 3～5 ℃。

大棚内根据四季变化安排蔬菜的生产及茬口的衔接。冬季种植耐旱早春蔬菜，春季生产瓜、果类，注重间套技术的利用与肥水的管理。由于大棚的生产集约程度与土地利用率很高，因此需要较高的肥水水平，收获一季后需施足基肥。对大棚的温度控制，要根据所栽培作物及蔬菜的生理特点来调节。白天应使作物处于较高温度，而夜晚处于较低温度，以减少养分的消耗。

2. 种养结合塑料大棚生态技术　这是一种既可以种植又可以养殖，实现种植、养殖相结合，生态良性循环的生态建设技术。这种模式可以创造出良好的生态环境，使蔬菜作物光合作用时释放氧气促进畜禽的正常生长，而植物同时吸收畜禽呼出的二氧化碳，起到增施气肥的作用，具有良好的生态效益。

这种模式根据实际生产需要确定棚的大小与高矮，一般棚宽 10 米，其中 3 米作为养殖部分，中间用草帘隔开，并留人行道，便于管理。种养结合的大棚棚顶应采用双层薄膜覆盖，膜与膜之间留有 8～10 厘米的空气隔层，利于大棚保温，在大棚顶部应留有数个通风排气孔，并在棚一侧留有出入的门，新建综合大棚的北侧应有防风墙，墙中间最好填实棉籽壳或碎草。大棚的蔬菜生产管理应注意高矮作物搭配，茬口搭配，合理利用品种。由于长时间的集约种植，所以要加强肥水管理，以防土地早衰脱力。

大棚内的养殖可以饲养肉鸡、蛋鸡、生猪、牛等。家畜禽的养殖应尽可能考虑种养的联系和整个食物链的循环。在生产过程中，由于棚内温度高，因此畜禽排出的粪便要及时处理，避免病害发生；植物浇水不宜过多，防止棚内湿度过大不利于畜禽的生长发育。同时，动物需要通风换气，在植物施肥时，需施经过发酵腐熟的肥料，不至于产生有害气体，影响动物生长，导致疾病的发生。

3. 太阳能热水系统和太阳灶 由于处于城郊靠近城市，新技术新材料能更快的应用推广至城郊的乡镇。现阶段在城郊区域正逐步推广已较为成熟的太阳能热水系统和太阳灶。

常用的太阳能热水系统主要由集热器、水箱和循环管道三个部分组成。按照集热器原理、结构的不同分为平板型热水器和真空管型热水器。按工质的流动方式不同，一般分为循环式、直流式和闷晒式。太阳灶一般可以分为箱式和聚光式两大类。具体工艺下文有详述。

(四) 城郊集约型农林果复合生态建设

农林复合生态体系主要是指把农、林（含草）、牧在同一土地经营单元上结合在一起的土地利用制度。城郊集约型农林复合生态体系建设是指采用适宜城郊环境的农林复合生态体系建设技术，通过空间和时间的布局安排，将多年生的木本植物精心地用于农作物和（或）家畜所利用的土地经营单元内，使其形成各组分间在生态上和经济上具有相互作用的土地利用系统和技术系统的集合。

城郊集约型生态果园建设与城郊集约型农林复合生态体系建设类似，也是把农、林（含草）、牧在同一土地经营单元上结合在一起的土地利用制度。

二、城郊集约型能源生态建设特点

城郊集约型能源生态建设是指针对围绕大中城市集镇周围的农村演化形成的既有别于农村，又不同于城市的一类特殊农业生态系统的能源生态建设。城郊集约型农业的这一特殊农业形态由于其特殊的地理位置，形成区别与纯农业的特征：一是城郊农业区域范围不明显，随着城市向农村的渗透和城市经济的辐射，城郊界限越来越模糊；二是城郊农业是一种集高效集约、生态化、产业化、科技化为一体的现代农业；三是城郊农业具有多功能性。它兼具农业发展，和生产性、服务性、美化环境、观光旅游、休闲游戏、文化教育等众多功能。

城郊集约型农业生态系统作为一个特定的生态系统，具有自己的一些特点。

1. 依赖性　主要表现在城郊区农业生态系统依赖于城市科技与力量，生产资料的供应。此外由于城市人口密集，需要农村为其提供丰富的农副产品、生产资料和为其承担小批量的生产任务，而且特别是要处理与消化城市生产与生活过程中所产生的废弃物。由于城郊所处的地理位置，这种情况是时刻存在的，因此经过长时间的发展，城郊区就形成了这一特殊类型的对城市具有较强烈依赖性的生态经济系统。由于地处城市边缘，城郊型农业生态系统不仅要收到城市生态系统的作用与影响，而且也强烈地受到农业生态系统的制约。在这两种系统的交互作用下，系统的商品经济组分特别活跃。其专业化、社会化和商品化程度大大高于远离城市的边远农村及农业生态系统。在这种地处城市与农村相结合的地带上，城郊农业生态系统中充满了农村和城市两个生态系统的要素（组分）。这些要素既相互联合，又相互排斥，在争夺生态位，争取生态空间上常发生激烈竞争而表现出特别强烈的边缘效应。

2. 复杂性　城郊生态系统特别是城郊集约型农业生态系统既有城市生态系统的结构与特征，又有农业生态系统的结构与特点。城郊农业生态系统也是一种半人工的生态系统，但是由于靠近城市，因此非生物结构随着人口增长与城市化的进程而不断地扩大，绿地面积减少，农业生态系统的结构组分日益减少，并最终走向城市生态系统，从而形成了"流量大、容量大、密度高、运转快"的全方位开放系统。它不仅要输入大量的农产品，而且产出大量的工业品并带来大量的废弃物（废水、废气、废渣），是不完全的生态系统，消费者大大超过生产者。城郊农业生态系统可以看做是一个典型的复合生态系统。由于人的主导作用参与其中，可以理解这种系统的结构为人的栖息劳作环境（包括地理环境、生物环境和人工环境）、区域生态环境（包括物资供给的"源"、产品废物的"汇"、调节缓冲作用的"库"）及社会环境（包括文化、组织、技术等）的耦合。

3. 开放性　城郊集约型生态系统的自然环境由于受到人类活动的强烈干扰，形成了同单纯的农业生态系统截然不同的特征，表现出极强的开放性。在城郊系统中，城市是一个特殊的能量物质体系，需要从系统外输入大量的物质与能量。工业生产要从区域外部输入化石燃料，或者输入其中已经物化了能量的各种产品作为原材料。城镇还要输入大量的生物能，包括粮食、蔬菜、肉类、水果、丝、棉、麻等人类生活必需品。输入的物质除了城郊系统中城市所消耗之外，相当大的一部分，以两种形式输出系统之外，一种是加工品，主要是工业产品，以商品形式输出；另一种就是废弃物（废水、废气、工业垃圾、生活垃圾、排泄物）释放到环境中。

4. 区域性 由于城郊可以直接受到城市对农业生态系统产品需求的影响及科学技术的作用，加上城市农副产品市场的作用，城郊区的经济效益特别明显，从而会带动远离城市的农村腹地仿效城郊区的生产和经营方式，使城郊区带动周围的农村与农业发展，城郊区向农村腹地不断"辐射"，呈中心式环状分布。同时，城郊区工业组分的多样性也带来了各种各样的环境污染问题。

因此，城郊集约型能源生态建设是在综合分析与考虑城郊集约型农业生态系统所具有的特性后，针对不同区域、不同环境因素、不同发展程度等条件而制定的多种因地制宜的建设内容。

第三节　主要建设内容与技术要求

一、城郊集约型能源工程建设内容与技术要求

城郊集约型能源工程建设主要包括农业废弃物资源化开发利用工程和太阳能资源多元化利用工程。

（一）农业废弃物资源化开发利用工程

农业废弃物资源化开发利用工程主要是指以沼气为纽带的生态循环型能源工程。沼气综合利用模式主要有两种，即城郊集约型庭院能源生态建设模式和城郊集约型基塘能源生态建设模式。

1. 城郊集约型庭院能源生态建设模式 城郊集约型庭院能源生态建设模式的定义是：以庭院为基础，以简易日光温室（保温性能好、无需人工加温而能在温带冬、春季正常生产某些蔬菜和水果的塑料大棚）为支撑，将设施园艺种植、开发可再生能源（沼气）、设施内寒季养猪以及对人畜粪便和果菜产品下脚料进行质能多层利用4个要素进行巧妙配置和组合，所形成的高效能、高效益的复合生态农业系统。

该模式示意如图6-1所示。

（1）温室面积为80～200米²。温室骨架负荷为10千克/米²。

（2）单面北墙，墙体材料多为三合土或单一的黏性土，厚度50～70厘米。或厚度达80厘米的空心墙。墙外用秫秸叠围1米左右以增强保温性。

（3）顶部及南坡面用塑料薄膜覆盖。夜间用草毡或无纺布盖于塑料薄膜之上，白天揭开。棚内温度昼夜保持在10℃以上。

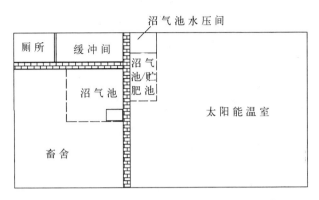

图 6-1　城郊集约型庭院能源生态建设模式示意图

（4）为便于大棚内用沼液（渣）施肥，出料间安置于大棚种植区内。

（5）如果直接在大棚内使用所产出的沼气，可设置若干沼气灯，兼照明和释放二氧化碳；两者均达到对菜果增产有利的二氧化碳施"肥"效果。

（6）沼气池：一般为简易水压式。为适应在日光温室内运行，将定期开盖出料型改为底层出料。出料口通道由管式改为窑门式。池容根据所养牲畜的头数决定，在 8～10 米^3。

（7）畜舍：占地 15～20 米^2，位于大棚东北侧，养牲畜 10～15 头。与大棚种菜部分用墙隔开，墙上设通气孔数个，孔径 20 厘米左右。以便两部分间进行氧气和二氧化碳的交换。地面设暗沟，将畜粪尿引入沼气池。

（8）厕所：占地 1 米^2，位于大棚东南侧。设暗沟，将人粪尿引入沼气池。

2. 城郊集约型基塘能源生态建设模式　城郊集约型基塘能源生态建设模式是指在我国南方地区因地制宜创造的将养猪、建沼气池和发展果园（脐橙、柚子、柑橘）三者结合在一起，形成的相互促进、相互依存的循环模式。模式如图 6-2 所示。

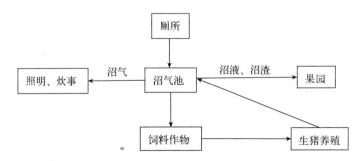

图 6-2　城郊集约型基塘能源生态建设模式示意图

（二）太阳能资源多元化利用工程

太阳能资源多元化利用工程的主要内容即城郊集约型日光能源生态建设，具体包括太阳能温室、太阳能热水系统和太阳灶。

1. 太阳能温室 太阳能温室是一种人工暖室，通过采用适当保温维护结构，利用外部能量对室内温、湿度、光照、营养、水分及气体等条件进行不同程度的人工调节，为植物生长发育创造环境条件。主要应用模式有阳光塑料大棚和日光温室两种。

（1）阳光塑料大棚 阳光塑料大棚是指以塑料薄膜为覆盖材料的轻质太阳能温室，其结构类型很多，目前普遍应用的有竹木结构、混合结构和无柱钢架结构，分为单栋和连栋两种。无柱钢架塑料大棚在大城市郊区应用较普遍，多为连栋，覆盖面积大、土地利用率高，棚内空间大，便于操作，保温性好对外界气温变化有缓冲作用，且抗风力较强。无柱钢架连栋塑料大棚是城郊集约型能源生态建设中太阳能资源利用的发展方向。

（2）日光温室 所谓日光温室，是指在东、西、北三面堆砌具有较高热阻的墙体，上面覆盖透明塑料薄膜或平板玻璃，夜间用草帘子覆盖保温的加热或不加热的温室。通常日光温室坐北朝南，东西延长，根据屋面的结构不同分为"一斜一立式"和"半拱式"两种。

"一斜一立式"日光温室的示意如图6-3所示。

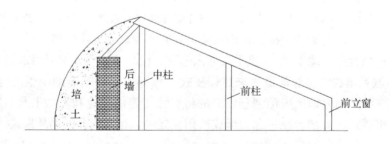

图6-3 "一斜一立式"日光温室示意图

温室跨度7米左右，脊高3～3.2米，前立窗高80～90厘米，后墙高2.1～2.3米，后屋面水平投影1.2～1.3米，前屋面采光角23°左右。这种温室空间较大，弱光带较小，在北纬40°以南地区应用效果较好

"半拱式"日光温室示意如图6-4所示。

2. 太阳能热水系统 常用的太阳能热水系统主要由集热器、水箱和循环管道三个部分组成。按照集热器原理、结构的不同分为平板型热水器和真空管型热水器。按工质的流动方式不同，一般分为循环式、直流式和闷晒式。

（1）循环式太阳能热水器 又分为自然循环和强制循环两种。自然循环是利用热虹吸原理来实现水路循环，如图6-5所示。

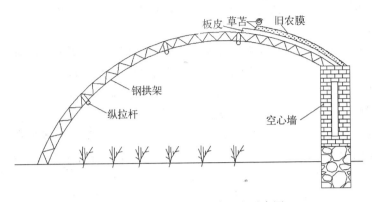

图 6-4　"半拱式"日光温室示意图

温室跨度多为 6～6.5 米，脊高 2.5～2.8 米，后屋面水平投影 1.3～1.4 米。这种温室在北纬 40°以上地区最普遍

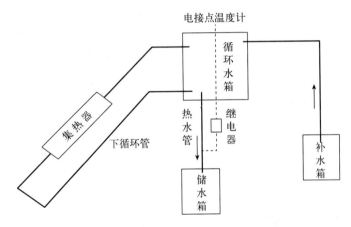

图 6-5　自然循环式太阳能热水器示意图

　　自然循环式太阳能热水器的优点是工艺简单、运行可靠、造价较低，并且不需要其他辅助能源。

　　（2）直流式太阳能热水器　直流式热水系统的组成与自然循环式相同，只是在安装时，要求补给水箱的水位略高于集热器出口的热水管顶部，而储热水箱则可置于热水器的下方，可以减轻房顶、阳台或墙壁的承重。

　　（3）闷晒式太阳能热水器　闷晒式太阳能热水器把集热器与储水箱合为一体。传热介质在这种热水器中没有流动，可以省去连接管道。用材很省，成本低，占地少，并且易于安装，热效率较高，特别适宜于在广大农村地区推广使用。

　　3. 太阳灶　太阳灶是一种利用太阳能进行炊事工作的装置。目前在我国尤其是西北地区，已得到大量应用。目前使用的太阳灶一般可以分为箱式和聚光式两大类。

（1）箱式太阳灶　箱式太阳灶是一个密封的箱体，四周和底部都用保温材料隔热，顶部是2～3层玻璃盖板，箱内表面涂成黑色，形成一个小温箱。把需要加热的食物放在温箱内，受到太阳辐射的直接加热，温度可以达到140℃左右。还可以在温箱上安装反射镜，温度可以进一步升高到200℃左右。这种太阳灶的优点是制作容易，操作方便，成本低廉，且能蒸、煮各种食物，具有一定的实用价值；缺点是由于所能达到的温度偏低，因而炊事的局限性较大，既不能炒菜，也不能煎、炸食物，并且做饭时间较长。

（2）聚光式太阳灶　聚光式太阳灶是一种利用旋转抛物面反射镜将太阳光反射聚焦到锅具的下方，使焦斑面上温度达到400℃左右，从而可以满足多种炊事用途的装置。因选用的抛物面部位不同可分为正焦聚光灶和偏焦聚光灶两类。正焦聚光灶的特点是抛物面的顶点恰好位于所选用抛物面的中心，它结构简单，容易加工制造；缺点是只有在太阳高度角比较大的季节以及中午前后使用时，才能具有较高的效率，且操作起来不方便。偏焦聚光灶的优点是，在控制适宜的操作高度和操作距离并保证足够的采光面积的前提下，可以使所有的反射光都能到达锅具下方，从而大大提高聚光太阳灶的效率，它是目前世界各国主要采用的太阳灶的灶面类型。

二、城郊集约型农林复合生态体系建设与技术要求

城郊集约型农林复合生态体系建设是以提高边际土地的生产力以及保护水土和能源为目的，其主要项目包括桐（泡桐）农系统模式、桑田复合型模式和杨粮间作模式。

（一）桐（泡桐）农系统模式

桐（泡桐）农系统模式是指泡桐进入农田和农作物复合，形成桐农复合型人工栽培群落这样一种经营模式。泡桐不仅具有生长快、分布广、材质好、繁殖容易、经济价值高等优良特性，而且具有树干高、枝叶稀疏、发叶迟、落叶早、透光率高等特性，使其能进入农田，与农作物复合，既改善生态环境条件，促进农业稳产高产，又在短期内提供大量的商品用材，增加经济收入。根据不同的组合结构可以分为三种类型即以农为主复合型、以桐为主复合型和桐农并重复合型。

1. 以农为主复合型　适宜在风沙危害轻、地下水位在2.5米以下的农田。只栽少量泡桐，株距5～6米，行距30～50米，每公顷30～45株。轮伐期早，5～6年即采伐利用。经营目的是为农作物创造稳产、高产的有利条件，又可培育中径材，供商品和农家之用。

2. 以桐为主复合型　适宜在沿河两岸的沙荒地及人少地多的地区营造泡桐丰产林。株行距 5 米×5 米或 5 米×6 米，每公顷 390 株或 330 株，林木郁闭前间种农作物，到第五年时隔行间伐即可取得檩材，伐后仍可复合农作物。经营的主要目的是建立商品材基地。

3. 桐农并重复合型　适宜风沙危害较重的农区或地下水位在 3 米以下的低产农田。以株距 5~6 米、行距 10~20 米，每公顷 83~200 株为宜。经营目的是防风固沙、保障作物稳产，同时为农村提供中小径材。

（二）桑田复合型模式

桑田复合即是在农田或利用田边地埂栽桑养蚕，已发展成许多适合于山地自然条件的模式，这一农林复合生态体系在我国亚热带地区尤为普遍。

以四川山区为例，基于耕地少，非耕地多，中低山各异，气候多样的特点，在自然和经济条件不同的地方以不同方式和规模种植桑树。在低海拔（1 200米以下）的产粮产蔗区，耕地所占比例较大，发展以"四边桑"为主，成片桑和小桑园为辅的种植桑树原则。"四边桑"是指沿田边田埂、河沟边、道路边和房屋边种植桑树。在栽培上采用生长快、这样面积小的低干修剪方式，既照顾了粮食作物能获得足够的光热资源，又有利于发展桑树蚕茧生产，栽桑产粮两不误；同时"四边桑"采摘桑叶容易，修剪枝条方便。在海拔1 200~1 800 米的中山地区，荒山荒地面积大，则以成片种桑和小片桑园为主，以"四边桑"为辅。

（三）杨粮间作模式

杨粮间作模式与桐（泡桐）农系统模式类似，在进入农田，与农作物复合，促进农业稳产高产的同时主要起到改善生态环境条件的作用，主要作用有增湿作用、防风固沙作用、降尘效能、调控二氧化碳浓度的作用，以及提高生物多样性的作用。杨粮间作具有广泛的生态效益和明显的经济效益，但在快速发展的过程中出现了一些需要解决的问题，归纳起来主要有以下几个方面。

① 各地杨粮间作的株行距普遍偏小，密度过大，林木遮阴严重，造成作物减产。同时影响林木的生长，使林木严重偏冠。建议采用株距 3~4 米，行距30~60 米的配置，这样可以实现长期间作，农作物不减产，同时促进林木的生长。

② 配置合理的杨粮间作可以保证粮食丰收。但是，林木遮阴造成近树行局部减产是一种客观存在。可以通过及时对林木进行修枝加以调节。修枝应注意及时和适度，每次修去 1~2 层枝，使上部保留 4~3 层枝即可。此外，在林木胁地严重的范围内，可以通过改变间作作物种类予以调节。

③ 现在栽植的杨树中有的树冠较大，根系较浅，遮阴严重。需要通过实验筛选出窄冠速生的优良品种代替大冠品种。

④ 杨树木材商品转化程度不高，木材价格偏低，影响杨粮间作经济效益

的提高。应通过农村经济结构调整，提高杨树木材的商品转化率，实现栽培—加工—市场系列体系，使杨树木材得到充分利用，从而推动杨粮间作经营实现可持续发展。

三、城郊集约型生态果园建设与技术要求

现阶段应用较为广泛、具有良好发展前景的一种城郊集约型生态果园建设模式为果园生态养鸡模式。

1. 果园生态养鸡模式的优点

（1）可以提高鸡肉品质和经济效益　利用果园养鸡，由于环境优越，鸡体处于健康状态，养殖时间长 2.5～3 个月，故其肉质好，味道鲜美，颇受消费者欢迎。

（2）扩大了养殖场所　利用果园养鸡，解决了室内养殖场地紧张的问题，扩大了饲养量。

（3）降低了饲养成本　放养鸡可在园中觅食、捕捉昆虫，在土壤中寻觅到自身所需的矿物质元素和其他一些营养物质，提高了自身的抗病性，大大降低了饲料添加剂成本、防病成本和劳动强度。据市场调查，果园放养鸡的价格比舍内饲养鸡每千克高 1～2 元。

（4）可除草、灭虫　鸡在果园寻觅食物及活动过程中，可觅食杂草，捕捉昆虫，从而达到除草、灭虫的作用。

（5）提高水果品质　鸡粪是很好的有机肥料，果园养鸡后可减少化肥的施用量，提高水果的品质。

（6）减少环境污染　以往批量养鸡基本上是利用村庄里的房屋，鸡粪的臭气及有害物质的散发严重污染了村庄空气。利用果园养鸡则减少了环境污染。

2. 果园生态养鸡的技术要点

（1）场地选择　选择气候干燥、水源充足、排水方便、环境幽静、树势中等、沙质土壤的果园。

（2）鸡舍建设　竹木框架、无纺布、遮阳网、油毛毡、塑料薄膜或麦秸、稻草做顶棚，棚高 2.5 米左右，尼龙网圈围，冬天改用塑料薄膜保暖。鸡舍大小根据饲养量多少而定，一般每平方米饲养 20～25 只，用于夜间栖息和躲避风雨。

（3）品种选择　选择抗逆性强的优良地方品种鸡，如固始鸡、三黄鸡、四川山地鸡、麻鸡等。不宜选用 A. A 鸡、艾维鸡等块大型白羽鸡。

（4）放养时间及放养密度　一般苗鸡在舍内饲养 30 天左右，即可选择晴天放养。最初几天，每天放 2～4 小时，以后逐步延长时间；初进园时要用尼龙网限制在小范围，以后逐步扩大。条件允许最好用丝网围栏分区轮放，放 1 周换一个小区。一般每亩地果园放养 150～200 只。

（5）饲养管理 雏鸡阶段使用质量较好的全价饲料，自由采食，以后逐渐过渡到大鸡料，并减少饲喂数量。一般放养第一周早、中、晚各喂1次，第二周开始早、晚各1次。对品质较好的土种鸡5周龄后可逐步换为谷物杂粮。

（6）疾病防治 第一，要及时接种疫苗，在饲料和饮水中可添加增强免疫力的药品；第二，每批鸡出售后，要及时消毒，用塑料薄膜密封鸡舍，果园翻土、撒施生石灰；第三，果园放养1～2年后要更换另一果园，让果园自然净化2年以上。

四、城郊集约型生态菜园建设与技术要求

城郊集约型生态菜园建设的主要模式有塑料棚、温室和蔬菜工厂。这三种生态菜园模式的建设带动了城郊集约型能源生态建设工程的发展。

（一）塑料棚

塑料棚是蔬菜生产的重要保护措施之一，它改变了蔬菜生产场所的小气候，增大了对能源的利用率，人为地创造了蔬菜生长发育的优越条件，可提早或延迟栽培，对生产超时令蔬菜，增加供应品种，提高蔬菜单产和品质，增加农民收入，都发挥了巨大作用。根据塑料棚的高度、跨度和占地面积大小，可分为小棚、中棚和大棚三种。

1. 塑料小拱棚 塑料小拱棚的类型依其形状不同大体可分为拱圆形、半拱圆形和双斜面形三种，其中拱圆形较为普遍（图6-6）。

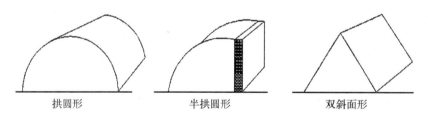

拱圆形　　　　　　　半拱圆形　　　　　　双斜面形

图6-6 塑料小拱棚的不同类型示意图

（1）拱圆形 用细竹竿、竹片等材料作拱架，围成拱圆形，宽1～2米，高0.5～1米，拱架间距约50厘米，外面覆盖塑料薄膜，四周用土压实。

（2）半拱圆形 棚的方向东西延长，透明屋面朝南，北面砌成1米高的墙，床面宽2～3米，用竹竿、竹片、钢筋等做拱架，一端固定在墙上，另一端插入土中，拱架间隔0.5～1米，外面覆盖塑料薄膜，四周用土压实，早春夜间盖草毡防寒保温。

（2）双斜面形 用木材做成长3米、宽1.5米的窗框，上面钉上塑料薄膜，2个窗框呈人字形绑在一起，扣在畦埂上或垄上，小棚方向以南北延长，

东西朝向为好，长短不限，小棚两头用塑料薄膜盖严。双斜面小棚拆装方便，通风管理比较容易，夜间可盖草毡防寒保温。棚面倾斜便于排水，适于在南方多雨地区应用。

塑料小拱棚主要用于春季叶菜、矮秧果菜和越冬蔬菜，如越冬菠菜、韭菜、羊角葱和果菜类早熟栽培，一般能比露地栽培提早上市 15～20 天；小棚还可用于秋季延迟生产和早春育苗。

2. 塑料中拱棚　塑料中拱棚比小棚稍大，人可以进入棚内操作，宽 4～6 米，脊高 1.5 米左右，长 15～20 米，面积 40～200 米^2。据其结构形式可分为以下 3 种类型。

（1）竹木结构拱圆形　跨度一般 3～4 米，中间设立单排柱或双排柱。纵向设一两道拉杆，以棚架连为整体。

（2）半拱圆形　其方位为东西延长，透明屋面朝南，在北面筑高 1 米左右的土墙，沿墙头向南插竹竿，间距 50 厘米左右，形成半拱圆形支架，覆盖薄膜即成。

（3）组装式拱圆形　用钢筋或薄壁钢管焊接成活动式中棚架。

塑料中拱棚可用于韭菜、绿叶菜、果菜类等作物的春提前或秋延后栽培，或用于早春育苗。

3. 塑料大棚　塑料大棚在蔬菜生产中应用非常普遍，中国各地都有很大面积，主要用途包括以下几方面。

（1）育苗　在大棚内设多层覆盖，如加保温幕、小拱棚、防寒覆盖物等，或采用大棚内加温床以及苗床安装电热线加温等办法，于早春进行果菜类蔬菜育苗。

（2）春季早熟栽培　果菜类于温室育苗，早春于大棚定植，一般比露地提早上市 20～40 天。

（3）秋季延后栽培　主要以果菜类蔬菜生产为主，一般采收期可延后20～30 天。

（4）春到秋长季节栽培　在气候冷凉的地区果菜类可以采取春到秋的长季节栽培，这种栽培方式于早春定植，结果期在大棚内越夏，可将采收期延长到初霜来临。

塑料大棚一般占地面积为 333～667 米^2，宽 8～15 米，长 50～60 米，中高 2.5～3.5 米，边高 1～1.5 米。根据棚架形状可分为拱圆形、屋脊形大棚；根据大棚栋数可分为单栋、连栋大棚；根据所用的材料不同可分为竹木结构、钢材结构、混合结构和硬质塑料结构大棚。

（1）竹木结构大棚　由立柱、拱杆、拉杆、压杆组成大棚骨架，其上覆盖薄膜而成。竹木结构大棚，便于取材，容易建造，造价较低，但使用年限较短，又因棚内立柱多，遮阴面大，操作不便。

（2）钢材结构大棚　骨架采用轻型钢材，如镀锌薄壁钢管，可由厂家定型生产，棚架结构多为半拱圆或拱圆形。这种大棚造价较高，但坚固耐久，拆装方便，棚内无立柱，可进行机械作业，可用卷帘机械，开关侧窗通风换气，是今后发展的方向。

（3）混合结构大棚　结构与竹木棚相同，为使棚架坚固耐久，并能节省钢材，拱杆为钢材竹木混用，立柱为水泥柱，这种大棚用钢材少，容易取材和建造，成本也较低。

（4）硬质塑料结构大棚　骨架全部使用硬质塑料管材，故又称"全塑大棚"。但因塑料管材经受低温或高温容易老化变形，有待进一步研制以提高质量。

（二）温室

按温室骨架的建筑材料划分，可分为竹木结构温室、钢筋混凝土结构温室、钢架结构温室、铝合金温室等。按温室透明覆盖材料划分，可分为玻璃温室、塑料薄膜温室和硬质塑料板材温室等。按温室能源划分，可分为加温温室和日光温室。加温温室又有常规能源（如煤、天然气、燃油等）、地热能源、工厂余热能源等加温温室。按温室的用途可分为蔬菜温室、花卉温室、果树温室和育苗温室等。

1. 日光温室　日光温室是指无人工加温设备，靠太阳辐射为热源的温室，是中国最主要的温室类型，占温室总面积的95％以上。目前，生产上推广的主要是东西延长的单屋面塑料薄膜日光温室。

塑料薄膜日光温室为单屋面温室，以塑料薄膜为透明覆盖材料。后墙为土墙、砖墙或异质复合墙体。在竹木或钢架拱架上，覆盖塑料薄膜，其性能特点为严密、防寒、保温、充分采光，可自然通风换气，可进行蔬菜冬季生产。

2. 加温温室　加温温室的建筑结构，一般中小型温室用土木结构，大型温室用砖石或混凝土、钢架或铁木混合结构。加温温室有单屋面、双屋面、连接屋面、拱圆屋面等不同类型。目前，生产上应用的加温温室，大都是东西延长的单屋面2或3折式温室。双屋面温室和连接屋面温室应用面积较小。

加温温室都有补充加温设备，能够调节温室内的温、湿度条件，可以周年进行蔬菜生产。但是，由于各种温室的结构及设备条件不同，使它们的应用时期和栽培方式有所不同。

3. 现代化大型连栋温室　现代化大型连栋温室是将若干双屋面连接而成的大型温室，简称现代化温室，又称连栋温室、全光温室。现代化温室的建材多为铝合金或轻型钢材，从屋面结构上可分为屋脊形和拱圆形，从覆盖材料上可分为玻璃温室和塑料温室。

（1）屋脊形连栋温室　以荷兰 Venlo 型温室为代表，屋面结构一般为人字形，传统的荷兰温室均采用玻璃为覆盖材料，近几年也开始采用塑料板材。脊高 3.05～4.95 米，肩高 2.5～4.3 米，骨架间距 3.0～4.5 米，温室跨度有 3.2 米、6.4 米、9.6 米等多种形式。

（2）拱圆屋面连栋温室　屋面拱圆形，屋面覆盖材料为单层聚乙烯薄膜或充气式双层聚乙烯薄膜，侧面和正面为了加强保温，采用玻璃或聚酯塑料板。

现代化温室成本高，主要应用于高附加值的园艺作物生产上，如喜温果菜、名特新蔬菜、切花、观赏植物和果树等的栽培及育苗。

（三）蔬菜工厂

蔬菜工厂是指在完全由计算机自动控制的设施条件下，高度技术集成的、可连续稳定运行的蔬菜生产系统。在美国、日本及欧洲一些国家，少量的蔬菜工厂已从实验阶段转向实用化生产。蔬菜工厂的类型，从利用光源上可分为太阳光型（接近温室，由于太阳光量变动太大，不易控制，难以应用）、人工光源型（设施类似工厂厂房，采用生物灯作为光源，实现了全自动化控制、定量化生产，但不利用自然光，浪费能源）和太阳光—人工光并用型（综合了以上 2 种类型，采用遮光、补光的方式调节太阳光能，既充分利用了自然光能，又可实现定量化生产，较为合理）。蔬菜工厂的设施结构可分为普通（平面）式和立体（塔）式。

蔬菜工厂多采用自动的移动栽培装置，其方式可分为平面移动式（蔬菜苗从定植端等间距移动向收获端）、放射移动式（蔬菜苗的间距随着生长逐渐扩大，呈放射状移动）、立体移动式（蔬菜苗在塔式蔬菜工厂的传送带上呈立体移动）和旋转式（航空航天失重状态下的蔬菜栽培装置）。

目前，世界各地运行的蔬菜工厂，以生产莴苣、香芹等生长期短、生长过程易控制的叶菜类为主，有少部分生产番茄等果菜。

第四节　不同区域类型特点

一、北方城郊集约型能源生态建设特点

北方城郊集约型能源生态建设是在结合北方地区地理自然环境、人文情况、经济发展情况等多种地方特色，发展起来的一种高产、优质、高效的农业生产模式。该模式依据生态学、生物学、经济学和系统工程学原理，以土地资源为基础，以太阳能为动力，以沼气为纽带，种养业相结合，通过生物转换技术，利用农户庭院或田园等，将沼气池、厕所、猪禽舍、日光温室连结在一起，组成综合利用体系，实现产气、积肥同步，种植、养殖并举，建立一个生物种群较多，生物链结构健全，能流、物流较快循环的能源生态系统工程，是

发展"两高一优"农业，促进农村经济发展，改善生态环境，提高农民生活质量的一项重要措施。北方城郊集约型能源生态建设具有具有以下特点。

（一）优化组合，技术配套

1. 设计合理的外围结构温室 日光温室是模式的外围结构，由采光屋面、山墙、后墙、后坡、草苫纸被等组成。外围结构的优劣，直接影响系统的采光、增温、保温、保湿能力。为此，遵循传热学原理，依据不同纬度地区日照时间、辐射强度等差异，以及不同建筑材料的低限热阻等性能，研究设计出适宜于寒冷地区的复合墙体或培土防寒墙体和更合理的屋面设计参数，增强了保温功能和冬季太阳照射的时间，为北方冬季畜禽和蔬菜提供了适宜的生长条件，并保证了冬季沼气池的正常运行产气。

2. 工艺先进的新池型 依据国家沼气池施工、设计标准，设计出适于北方寒冷地区的"底层出料水压式沼气池"。这种池型结构合理、技术先进、经济耐用。由于模式内较好的温度条件，它不但满足厌氧发酵工艺的要求，而且还兼顾制肥、改善环境，满足种、养的需要，充分发挥沼气池的综合效益。

3. 良性循环的功能 北方能源生态模式采取技术配套，把沼气池、日光温室、畜禽舍和厕所有机结合在一起，使之成为一个良性的生物链系统。日光温室的温度保证了温室内养殖、种植和沼气池的正常运作；人畜粪便及时入池，成为沼气发酵原料，改善了系统环境；沼气池为温室的蔬菜生产提供了丰富的有机肥料，沼气燃烧产生的二氧化碳和棚内由猪的呼吸活动产生的二氧化碳为温室内的蔬菜生产提供较高浓度的气体肥料；温室内的蔬菜作物通过光合作用将二氧化碳还原成氧气，使温室内的二氧化碳和氧气达到一个动态平衡。从而在有限的空间内，实现了能源生态系统中物流和能流的良性循环，达到了能源、生态、经济与社会效益的统一。

（二）高效用能，合理配资

北方城郊集约型能源生态建设通过对生态学、生物学、工程学、农业科学等理论的合理应用，实现了对能源、资源的高效利用和合理分配。

1. 高效利用能源 模式充分利用采光、增温、保温能力，采集和积累太阳能，提高温室内温度，为禽畜冬春季生产提供适宜的生长环境。同时，为沼气发酵提供了适宜的温度条件，一改过去北方沼气池半年使用半年闲，甚至冻坏沼气池的弊病，使其全年正常运行产气。

2. 高效利用土地 模式的沼气池建于地下，不专门占用土地；沼气池上建畜舍养猪，每年可出栏育肥猪 6～15 头；猪舍上部放笼养鸡，冬季产蛋率提高 20% 左右，形成地下、地面、空中立体生产。暖舍另一侧为日光温室生产蔬菜，年可收 2～3 茬作物，提高了土地的复种指数。模式的推广，使原来自种自食的农户庭院土地变成了集约化经营的商品生产基地，使低产田变成了发展"三高"农业的宝地，使"四荒"治理同农业与农村经济的可持续发展有机结合，实现了土地资源的高效利用。

3. 充分利用时间 每年冬季模式内可生产 1～2 茬蔬菜，使农民在冬闲时间被充分利用。另外，模式可提高家禽的产蛋量，缩短猪的育肥期，提高养殖效率。

4. 合理利用劳动力 模式作为家庭"绿色工厂"，使家庭妇女、闲散劳动力在茶余饭后即可从事这项不出家门的商品化生产，安排了大量农村剩余劳动力，使北方冬闲变冬忙，提高了劳动生产率。

(三) 大力宣传，广泛推广

在加强模式研究的同时，积极的探索推广的机制，寻求科学载体，采取切实可行的措施，保证迅速转化为生产力。概括起来就是四句话："加强领导，政策保证；选点示范，典型引路；扩大宣传，注重培训；强化体系，持续发展"。

1. 选点示范，效益吸引

(1) 选点原则

① 选点准确 村级农户在百户以上，农村能源建设具有一定的基础，具有一定的代表性，试点所在地的乡（镇）村领导重视农村能源工作并接受试点工作的要求。

② 科学评估 对试点建设配套项目进行科学评估，保证有效地收回投资。

③ 指导到位 县、乡级的农村能源及农业技术推广部门积极向试点的群众宣传农村能源建设方针、政策以及模式及其各项技术，提高群众对模式的认识。

④ 逐级辐射 通过示范户的模式建设体现出来的能源、经济等效益吸引群众自愿出钱出力建模式，达到一户带四邻，四邻带全村，逐级辐射。

(2) 示范目的

① 展示模式对农民致富奔小康的作用。每个模式示范户，年平均出栏生猪 6～15 头，冬、春生产蔬菜 1 500 千克，获得沼气 300 米^3，节约秸秆 1 400 千克，提供有机肥 16 米^2，农民纯收入 5 000 元。表明模式成为农民奔小康的重要途径。

② 展示模式在促进农业可持续发展中的作用。每个模式户每年增加有效能源供应量达 0.7 吨以上标准煤，农民把节余的秸秆用于还田，把沼肥施于耕地，增加了土壤肥力，保护了生态环境，促进农业可持续发展。

③ 引起各级领导重视，推动模式推广工作的进展。

2. 注重培训，提高建设队伍素质 农村能源生态建设是一项新兴事业，在市场经济条件下，推广北方农村能源生态模式这项新技术需要群众自己出钱出力，所以要采取一切方式，做好宣传工作，使全社会达成共识，引导农民自觉利用新技术发展生产。随着一些新工艺、新方法、新技术的不断涌现和从事农村能源生态建设队伍的不断扩大，对农村能源生态建设技术队伍的素质提出了更高的要求。因此，必须有计划地组织培训活动，提高其素质，保证工程质量和效益的发挥。

3. 建立"农能"服务体系，增强持续发展能力 农村能源产业和服务体系建设是农村能源工作的基础，只有把产业和服务体系建设好，才能保证农村能源建设的质量和持续发展的速度与后劲，保证模式推广工作的健康发展。农村能源产业和服务体系的建立既保障了农村能源建设质量，也为自身的发展积累了资金，促进了农村能源生态建设事业与市场经济的有效对接。

4. 强化政府行为，保证模式建设的发展 北方各地资源分布和经济发展具有多样性和不平衡性的特点，地区间差异很大。因此，特别注意在四个方面强化模式建设的政府行为：一是不断完善模式推广工作总体发展规划和分步实施计划；二是通过宏观调控和分类指导，建立各具特色的模式示范区；三是将模式建设纳入到各地农业生产战略工作建设之中，并同产前、产中、产后系列化服务体系建设和科技培训紧密结合起来；四是充分发挥政府对各职能部门指挥和调动的权威作用，组织他们在"密切配合、通力协作、优势互补、成果共享"原则指导下，合力作用于模式建设。各地政府把推广模式技术作为发展高产、优质、高效农业，促进农民脱贫致富奔小康的跨世纪工程来抓，并组织省直有关部门协作，大力扶持模式的发展。总之，模式建设为提高农民生活质量，发展农村经济，改善农村生态环境，促进农业和农村经济可持续发展，以及加快农村精神文明建设步伐作出了积极贡献。

二、南方山地区城郊集约型能源生态建设特点

南方山地区的主要特点是土地资源量少，尤其是可用于农业生产的土地量少，由于山体坡度较大，不利于机耕机播，耕作难度大。水资源短缺，降水分布不均，降水概率大，利用率低，地下水储量少，主要水资源依靠自然降水。基于这些问题，南方山地区城郊集约型能源生态建设就要结合当地的地理、自然、人文、经济发展等多种情况因地制宜地发展能源生态建设。其中有代表性的建设模式为"猪沼果"模式。

"猪沼果"模式是指以户为单元，利用山地、大田、庭院等资源，采用先进技术，建造沼气池、猪舍、厕所三者结合的综合配套工程，并围绕农业生产，因地制宜地开展沼液、沼渣的综合利用。

(一)沼气池的设计与施工

选用国家统一的标准池型，做到沼气池与猪舍、厕所三结合。沼气池离厨

房的距离一般不超过 30 米，建池场地应选择避风向阳、地下水位低的地方。沼气池池型可选用上流式浮罩沼气池。以 1 米³ 沼气池池容每天的进料量为标准，根据人、畜粪便每天排放量来确定建造沼气池的容积。也可建多个沼气池并联。

（二）猪舍的设计与施工

一般选择向阳、水源充足、水质好且不积水的缓坡地建猪舍，猪舍坐北朝南或坐西北朝东南，偏东 12°左右。南向猪舍间距一般为猪舍屋檐高的 3 倍，其他方位的猪舍间距为檐高的 3～5 倍。猪舍基础墙为 24 厘米砖墙、上部墙厚 18 厘米，猪舍墙高 230 厘米、活动场墙高 110 厘米。猪床地面用混凝土浇筑，水泥砂浆抹平，地势高出沼气池水平面 10 厘米以上，并朝沼气池进料口方向呈 5°坡度倾斜。前墙一侧设置一个宽度为 60 厘米，高度为 90～120 厘米的猪门，向内侧开放。猪舍前后墙中央各设置一个宽 120 厘米、高 100 厘米、距地面 90～100 厘米的通风窗。按每头成年猪 1.2 米² 的标准，在猪舍前方建运动场，地面采用混凝土浇筑，水泥砂浆抹平。大中型养猪场猪舍可呈双排设置，中间过道宽 150～190 厘米，地面中间高、两侧低。猪舍外围建排粪和污水沟道，沟宽 15 厘米、深 10 厘米，沟底呈半圆形，朝沼气池方向成 2°～3°的坡度倾斜。

（三）厕所的设计与施工

厕所应紧靠沼气池进料口，蹲位地面标高高于沼气池水平面 30～40 厘米。蹲位面积一般为 1.5～2 米²，用马赛克或釉面砖贴面。蹲位粪槽或大便器应尽量靠近沼气池进料口和水压酸化池，粪槽用瓷砖贴面，坡度大于 60°，回流冲刷管安装位置要合理。

（四）果园的设计与施工

选择好果树优良品种，适地移栽，营造防护林，建立生态果园。在红壤丘陵地区或山地建园，应选择 25°以下的缓坡地。在河滩地、平地建园，地下水位低于 1 米以上，否则，应作深沟高畦。常绿果树应尽量选择坐北朝南、西北东三面环山、南面开口、冷空气能自行排出的地形兴建果园。根据果园管理要求，在果园内设置主道、干道、直道。主道宽 2.5～3 米，干道宽 2.5～3 米、支道宽 1～1.5 米。1 亩以下的果园可以不设置主道和干道。坡地建果园要在山顶设贮水池，其大小以确保果园旱季能灌溉为准，并设置排蓄水沟、纵沟和梯台背沟，3 种沟相互连通，沟的大小根据排灌要求确定。一般排蓄沟面宽 1 米、沟底宽 0.8 米、沟深 0.8 米，每隔 10 米左右留一地埂，比沟面低 20 厘米左右。纵沟宽 4 米、深 0.2 米，梯带间纵沟呈 L 形错位设置。背沟深 0.2 米、宽 0.3 米，每隔 3～5 米挖一个淤沙坑。果树栽种前挖定植沟或栽植穴，并分层填埋有机物、精肥和沼肥做基肥，然后根据果树、品种、砧木特性、地势、土质和栽植水平等因素，确定苗木栽植密度、栽植方式和栽植时期。

三、南方平原区城郊集约型能源生态建设特点

南方平原区主要是以江苏、浙江一带为主，该地区目前农业和农村经济增长方式还比较粗放，存在着资源消耗大、生态环境基础设施缺失、能源日趋紧张等突出问题。当地政府把加大农村生活污水处理和清洁可再生能源开发利用力度、推进农村节能减排和农业循环经济发展作为农业和农村加快转变经济发展方式的重要着力点，通过对原有农村节能减排技术及新技术的整合、提炼、引进、消化与创新等应用示范，有效促进当地农村生活污水处理，提高畜禽粪便资源化综合利用水平，大幅提升农村太阳能、沼气等新能源的应用范围与水平，从而有力推进南方平原区城郊集约型能源生态建设。

南方平原区几大城市以可持续发展、节能减排为理念，以处理农村生活污水和开发利用农村清洁可再生能源为重点，在农村地区范围内推广应用无动力厌氧生物处理、微动力好氧生物处理、人工湿地、阿科蔓氧化塘、太阳能光电、光热利用"三沼"循环利用等多种农村能源节能减排技术，使其达到应用效果良好，管理简便，建设投资省，运行费用低，适合实际需求等多种目的。

以杭州市为代表，通过推广应用多种农村能源节能减排技术，计划达到：①在全市新建农村生活污水净化处理工程示范项目 200 个，面上推广生活污水净化处理池容积 15 万米^3，新增年处理农村生活污水 1 825 万吨，年减排 COD 5 110 吨，直接受益农户达 10 万户以上。②新建农村清洁可再生能源利用工程示范项目 200 个，面上推广太阳能光热利用面积 20 万米^2，推广户用沼气池 8 000 个，新增年开发新能源 3.8 万吨标准煤，直接受益农户达 10 万户以上。

通过推广实施的示范与推广应用工程所带来的经济效益分直接效益和间接效益两部分。直接效益包括污水处理池的正常运行，节省了污水处理成本；太阳能热水器、沼气的使用替代了电能、液化气，节省了生活用能费用；沼液、沼渣的利用部分替代了化肥、农药成本，提高种植养殖业效益等方面。产生的间接经济效益主要表现在促进农村经济、环境建设、绿色农产品生产等方面，为农民带来了"三省"（省柴、省电、省劳动力），"三增"（增肥、增产、增效益），"一净"（净化农村环境）的重要作用，解决了农村"三料"（燃料、饲料、肥料）的难题，解决了农民群众缺资金、缺劳动力等实际困难，为农村生态环境建设和农业经济的可持续发展奠定了基础。同时，因地制宜的应用十种农村节能减排技术，使杭州市农村能源节能减排技术得到了丰富和完善，拓宽了农村节能减排技术应用领域，为杭州市农业、农村废弃物资源化利用、农业面源污染治理、优化农村能源结构、生态农业建设等尝试了一条切实可行的新

路子，产生了良好的社会效益。通过在农村地区中示范推广应用农村能源节能减排技术，开发利用了清洁可再生能源，减少了农村生产生活对环境的污染物排放量，减少了农村薪柴、煤炭的消耗，有效地保护了森林资源，防止了水土流失，对改善全市农村生态环境及富春江、钱塘江和运河等水域水质起到了积极的促进作用。实施推广了农村生活污水处理池容积 15.24 万米³，每年可处理生活污水 1 897 万吨，年可减排 COD 污染物 5 311 吨，推广了太阳能热水器面积 20.05 万米³，推广户用沼气池 8 417 户，每年可节能 3.9 万吨标准煤，相当每年可减排二氧化碳 10.17 万吨，减排二氧化硫和氮氧化物分别为 340 吨和 282 吨。

第五节　典型案例

一、北方城郊集约型能源生态建设案例

北方城郊集约型能源生态建设以北京市蟹岛绿色生态度假农庄为典型案例。蟹岛度假农庄位于北京市朝阳区金盏乡，占地 200 余公顷。在可持续发展理念指导下，构建了种植、养殖、旅游和休闲为一体的循环发展模式，实现了资源高效利用、生态保护与经济发展的共赢。

蟹岛农业生态系统以其自然地域范围为系统边界，包括农田系统、养殖业系统、沼气池、污水处理系统、旅游食宿五个亚系统。农田系统作为初级生产者分别为初级消费者（畜禽养殖、水产养殖）和次级消费者（人）提供饲料和食物，消费者排出的废物又通过分解者（沼气发酵）的作用为农田提供有机肥料，同时获得沼气能源。这样的循环结构充分利用了生产者的植物性资源，提高了系统内部废物的循环利用率，同时也加强了各亚系统之间的联系，增强了系统的稳定性。该系统以四种循环实现了作物、动物、微生物之间的生态平衡，建立了一个比较完善的循环经济产业模式。

（一）城乡循环

蟹岛改变了传统农业将农产品输出到城市地区销售的模式，建立了农业生产与农业观光联动的经营模式，吸引城市居民到蟹岛消费。消费者（城市居民）在蟹岛度假村不仅可以欣赏农村的田园风光，而且能够参与农事活动、体验农家风情、品尝蟹岛生产的有机农产品。而对生产者（乡村）来说，这种消费与生产环节紧密联系的经营模式，不仅可以减少农产品的运输成本，通过加工和服务提高农产品的附加价值；而且可以增加就业岗位，提高农民收入；企业还可以在接待游客过程中有效地接受消费者对农产品生产、加工乃至服务环节的消费反馈意见，改进生产，提高服务质量，增加经营效益。这种城乡互利的经营模式从某种意义上讲也实现了城乡物质文明和精神文明的互动，实现了

城乡协调、共同发展的良性循环，是城郊集约型能源生态建设的最有力的保障。

（二）以沼气为纽带的物质循环

在吸收传统农业精华和现代农业先进技术的基础上，蟹岛广泛开展农业资源综合利用，通过沼气技术带动粮食、蔬菜、果业、畜牧业、渔业等各产业的发展。它以度假村养殖场畜禽粪便、农作物秸秆、度假区人粪尿以及可利用的垃圾等为原料，生产沼气为旅游业提供清洁能源，为污水处理提供发电动力，生产沼肥为种植业提供肥源和杀虫剂、杀菌剂。同时，以农产品为饲料发展养殖业和渔业，从而达到物质资源多级利用的目的，是集能源、生态、环保及农业生产为一体的综合性利用形式，实现了产气积肥同步、种植养殖并举，建立起生物种群较多、食物链结构较长、能留物流循环较快的生态系统，基本上达到了生产过程清洁化和农产品有机化，提高了经济效益，保护和改善了生态环境，是典型的城郊集约型能源生态系统。

（三）水资源循环

蟹岛旅游度假区的污水日平均生产量约为 800 米^3，节假日旅游旺季，蟹岛每天的污水排放量在 1 200 米^3 左右。为实现水资源的循环利用、减少污水对周边环境的影响，蟹岛生态度假村积极主动采取措施对污水进行无害化处理并实现资源化利用。根据度假村的环境容量和发展规划的要求，蟹岛生态度假村建设了一个日处理污水 2 000 米^3 的污水处理厂，采用悬挂链曝气污水处理工艺，度假村产生的生活、生产污水全部都在此进行处理。

经污水处理厂处理后的中水排放到 170 亩的氧化塘，在氧化塘中，藻类、芦苇和其他水生植物等通过摄取污水处理后水中过量的有机污染物和营养物质进行生产；各种浮游动物、鱼、蟹、鸭等食用藻类和其他水生植物，使得各种营养物质如有机磷等在食物链中逐级传递、迁移和转换，降低了水中的 COD 及 BOD 含量，防止水体富营养化；而细菌和真菌等分解者将有机污染物、动植物废弃物等分解为各种无机元素。通过这种食物链中各营养级的联系和传递，达到进一步净化污水的作用。

从氧化塘出来的水经灌溉明渠引入长 80 米、宽 50 米、厚 50 厘米的沙床再次进行过滤，过滤后的水已完全符合农田水质灌溉标准和渔业用水标准，用于灌溉农田、菜地、林地等，补充地下水，实现水资源的循环利用，营造了一个安全卫生的自然环境。

（四）地热资源多级循环

蟹岛生态度假村充分利用现有的地热资源的优势，在度假区打有两个 2 400米深的地热井，出水温度约 67 ℃，出水量共 100 米^3/小时。地热水分为两条主线，一条供应游泳池和洗浴中心；另一条供应度假村冬季取暖，代替空调和城市集中供暖。当地热水温度降为 40 ℃左右时，则分为三部分：一部分通过管道输入温室大棚，供温室加热使用，代替以前的电能加热；另一部分通过管道输入到沼气池，作为发酵增温使用；还有一部分输入到蟹宫。最后当地热水温度降为 20 ℃左右时，地热资源已经得到充分利用，但地热水还可以作为水资源排放到农业生态系统，用于鱼塘养鱼和农田灌溉。这样，蟹岛生态度假村对地热资源进行了多级利用，取代了使用燃煤或燃油锅炉供热供暖，节约了同样热值的不可再生资源，为蟹岛经济效益和生态消音的协调发展打下了良好的基础。

二、南方山地区城郊集约型能源生态建设案例

南方山地区城郊集约型能源生态建设以湖北省宣恩县为典型案例。宣恩县地处鄂西南山区，属于亚热带大陆湿润型季风山地气候。全县土地资源量少，人均占有耕地 0.088 公顷，山体平均坡度在 25°以上，不利于机耕机播，耕作难度大。水资源短缺，降水分布不均，降水概率大，利用率低，地下水储量少，主要水资源依靠自然降水。基于这些问题，宣恩县结合自身丰富的资源条件把"生态农村"建设同农民增收、农村发展结合起来，因地制宜地发展生态农业＋生态林业＋生态旅游业建设模式，其中以黄坪村为重点发展对象。

黄坪村是典型山多田少的山区，面对受制约的自然地理条件，黄坪村积极探索山区农业发展之路，特别是在生态农业建设方面取得了一定的成效。黄坪村在重视粮食生产的同时，加速农业综合开发，进行山、水、田、林、路综合治理和建设。充分利用山区的自然资源条件，建成了多种形式的生态农业模式，如以当地优质品种黄金梨为发展切入点的果树—蔬菜—鸡立体种养模式、沼气为纽带的物质循环利用模式和立体庭院模式，大大改善了农业生产条件和生态环境，取得农村经济发展和环境保护的"双赢"。是城郊集约型能源生态建设在南方山地区的典型范例。

（一）黄金梨—蔬菜—鸡立体种养模式

黄坪村在大力发展黄金梨种植的基础上，不断探索立体种养模式。将现代科学技术运用于传统的间、混、套、带复种模式中，形成黄金梨、蔬菜和鸡等多种作物、多层次、多时序的立体种养结构，这种群体结构能动的扩大对空间、时间、自然资源和社会经济条件的利用率，能产出更多的农产品，提高农业综合生产能力。同时也是利用立体空间和三维空间进行多物种共存、多层次配置、多级物质能量循环利用的一种农业经营方式。

黄坪村根据当地的气候条件，在黄金梨果园内间种一季生长期较短的辣椒、茄子和西瓜等蔬菜和瓜果。在此基础上还发展了黄金梨树下养鸡，在 1 亩

梨园内圈养蛋鸡 300～400 只，鸡粪可作为梨树天然的有机肥料，而生长在梨树上的许多害虫又被鸡所食，形成良好的互补循环利用。这种立体种养结合模式的精华继承了中国传统精耕细作的优良传统，充分利用光、热和水等资源，创造出一种良好的生物共生的生态环境，取得了经济效益和生态效益的统一。

(二) 沼气为纽带的物质循环利用模式

黄坪村仅仅抓住州、县推进"五改三建生态家园富民工程"实施的机遇，全村基本普及了"五改三建"工程。其中"一建三改"（建沼气池、改厨房、改厕、改圈）普及率占全村总户数的 100％，全村适宜建池户 340 户，已建沼气池 320 口，占适宜建池户的 94.1％。"五改三建"213 户，占建池户的62.6％。以沼气建设为纽带的物质循环利用模式，有效地帮助了农民解决能源问题。畜牧生产中的畜禽粪便进入沼气池后，经发酵产生沼气，用于农民生活的炊事、照明及取暖，甚至用于发电；沼气池底下的沼渣用于农田和果园；沼气池内的沼液可作为优质饵料，用于喂鱼，也可作为速效肥料，用于大田作物或果树、蔬菜的施肥。经发酵后的沼渣也能用做猪饲料。黄坪村日常使用能源结构的使用情况调研发现，沼气占一半左右，煤炭和电力商品能源利用只占32.4％，薪材只占 16.9％。由此可见，当地发展以沼气为纽带的物质循环利用模式是解决当地能源问题的一个极为有效的措施。

(三) 立体庭院模式

随着城乡居民生活水平的不断提高，人们对精神文化生活提出了更高、更新的要求，其中观赏和培植花木、花卉已成为一种时尚，城市和乡镇消费量日益增加，黄坪村紧跟这一发展趋势，建立生态住宅，利用房前屋后的空闲地合理布局，发展庭院经济。

黄坪村的房屋多为土木结构，村民在美化房屋建设的基础上，大力实施生态住宅庭院经济建设，将房屋与种植、养殖、能源、环保和生态有机结合起来。充分利用房前屋后、院子的空闲地种植不同花种，主要是高矮和温光要求较低的花木品种。由于建有地下沼气池，"三废"（生活废水、废渣、固体废弃物）能够在住宅内自行消化，通过发酵和降解，将"三废"进行无害化处理，以二次能源的形式输出，如作为花肥。这种模式不但充分利用资源，提高了土地利用率，同时也美化、改善了环境，从而实现了经济效益、社会效益和生态效益的统一。

三、南方平原区城郊集约型能源生态建设案例

杭州市结合新型城镇化建设，大力开发利用农村清洁可再生能源，深入推进农村能源生态建设，形成了 6 条具有特色的农业循环经济发展链，是南方平原区城郊集约型能源生态建设的典型案例。

（一）结合现代农业循环经济示范园区建设，形成农业废弃物资源化开发利用高效循环链

如在萧山吉天农业现代园区开展生态农业工程，有力地促进了新型城镇化进程。

1. 项目概况　园区建设以沼气技术为纽带的生态农业工程，利用废弃残菜叶与猪粪、牛粪作为厌氧发酵原料，生产绿色沼肥供农业生产；发酵产生的沼气用来发电，供周围虾塘曝气使用，或用来烧锅炉，利用热水循环系统为厌氧发酵罐增温；形成了以生产绿色沼肥为主要目的，能连接农业生产与资源循环利用、保护农村生态环境、促进农业转型升级的技术模式。

2. 项目实施情况　项目以沼气技术为纽带，对优化示范园区的用肥结构进行了有益的尝试，其工艺流程如图 6-7 所示。

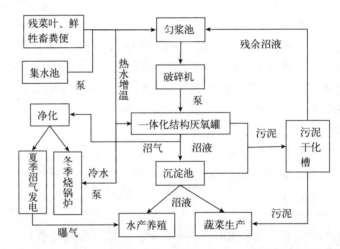

图 6-7　农业废弃物资源化开发利用高效循环链工艺流程图

项目主要新建匀浆池 25 米³，一体化结构厌氧罐 420 米³（罐体 300 米³、双膜式贮气柜 120 米³），沉淀池 200 米³，污泥干化槽 15 米³，净化室、锅炉房及配电管理房 40 米²，发电机房 20 米²；购置 30 千瓦沼气发电机 1 台、0.3 吨沼气锅炉 1 台、沼液运输车 1 辆。该项目目前处于正常运行阶段，主要以猪粪、牛粪为原料，每日进料量保持在 4 吨左右，在匀浆池内用水调成 TS5％的浓度后泵送至厌氧罐。各泵及风机等设备运行正常，其中匀浆池搅拌机每日运行 1 小时，进料泵每日运行 1 小时，厌氧循环泵每日运行 3 小时，增压风机每日运行 8 小时。

3. 效益分析

（1）经济效益　本项目产生的经济效益表现为沼气、沼液和沼渣资源化利用而节省的能源和化肥费用。项目预计可年资源化利用残菜叶、鲜畜粪 1 460

吨，产沼气 7.7 万米^3，沼液、沼渣有机肥料共 7 300 吨，按 2.5 元/米^3 沼气、15 元/吨沼肥计算，可产生的经济收入约 30.2 万元。扣除项目每年的运行成本（人工、维修、电费等）按 5 万元计算，项目的直接经济效益为 25.2 万元。

（2）生态效益　项目的实施，为示范园区提供了绿色生态的有机沼肥。经厌氧消化后的沼肥中含大量的有机质、氨基酸、腐殖质、氮、磷、钾等多种营养成分，可替代常用的化肥，不但能改善土壤、水体的肥力，增加种养产品的品质和安全性，同时也避免了因原料未腐熟而直接施肥导致的土壤缺氧、发酵烧苗、病虫滋生等危害。

（二）积极探索农林废弃物资源化开发利用新途径，构建产业循环链

积极探索农林业生产加工废弃物资源化利用新途径，在相关科研机构和企业的共同努力下，完成了农林废弃物致密成型、碳化、气化等工艺研究，并进行了产业化生产，实现了农林业资源的再生增值。目前已有 6 家企业投产销售，形成年处理农林废弃物 5.5 万吨，逐步构建了集研发、生产、销售为一体的农林业废弃物资源化开发利用产业循环链。如在建德市乾潭镇实施了"生物质颗粒燃料"项目，以农林业废弃物为原料，利用生物质致密成型技术生产生物质颗粒燃料，其热值达到二类烟煤的标准，年产量达到 1.5 万吨。

（三）稳步推进大、中型养殖场排泄物治理工作，完善畜牧业废弃物资源化开发利用多级循环链

以规模化畜禽养殖场排泄物治理和资源化利用为重点，按照"资源化、无害化、减量化"的治理原则，积极推广"能源生态型"、"能源环保型"、"综合利用型"等不同模式的沼气工程和"三沼"综合利用技术，完善了畜牧业废弃物资源化开发利用多级循环链。如在出栏生猪 4.5 万头的萧山盛养规模养殖场，利用生物发酵技术处理养殖场污废，并实现了"三沼"综合循环利用，沼液用于鱼塘和果园浇灌，沼渣进行有机肥加工，而产生的沼气进行发电，每年可向国家电网提供 100 万千瓦的绿色电力。

（四）积极促进太阳能利用由农民生活向农业生产转变，实现太阳能资源开发利用多元化循环链

近年来，依托农村能源项目建设，太阳能光热利用逐步由户用太阳能热水器应用向太阳能集中供热转变，太阳能光电利用由杀虫灯、庭院灯向太阳能垃圾房、太阳能光伏瓦应用转变，实现了太阳能资源开发利用多元化循环链。如桐庐县瑶琳水产养殖有限公司太阳能集中供热系统工程，建成了太阳能集热面积 1 600 米^2，产生的热水可常年稳定在 32 ℃，保证 1800 米^2 养鳖场 220 天换水使用。与富阳电力部门、浙江合大太阳能科技公司等单位合作，在富阳三桥镇和洞桥镇 17 户农居中，完成了光伏陶瓷瓦屋顶发电系统项目研究和示范

建设。

(五) 积极开拓地能应用领域，实现地能资源开发利用规模化循环链

在农业水产养殖、花卉培育、畜牧养殖等方面试点探索地能应用新领域，实现了地能资源开发利用规模化循环链。如在萧山区远鸿花卉养殖基地建设了地源热泵机组，将地能应用于花卉温室培育上，安装了地源热泵 20 台，为 3 万株红掌等花卉植物提供热源，可长年保持大棚内恒温 20 ℃，具有显著的经济效益。还尝试将空气能与太阳能结合应用于临安猪苗培育增温上。

(六) 加大农业生产、农民生活污废治理力度，创新农村生活污水、生活垃圾减量化循环链

根据杭州市农村经济、地理、生活习性等不同情况，先后形成了适用不同建造条件，不同出水要求的多种生活污水处理模式，这些模式在"美丽乡村"等项目建设中被广泛应用；积极探索农村生活垃圾处理新模式。在富阳市里山镇等"六镇一乡"创新地建设了农村生活垃圾无害化、减量化处理工程，建立了生活垃圾运输、分拣、处理、综合利用体系，使项目地区农村生活垃圾基本实现了无害化、减量化处理，项目生产的有机垃圾肥符合《城镇垃圾农用控制标准》(GB 8172—1987)，可以用于农业生产，实现了农村生活污水和垃圾减量化循环链。

1. 项目概况 里山镇总面积 25.43 千米^2，下辖 5 个行政村，农户总数 2 866 户，总人口约 1.03 万人，环境自然净化能力较差，是个典型的山多地少乡镇。据相关部门统计，该镇生活垃圾产生总量为 10～15 吨/天。生活垃圾通过村、乡镇二级收集转运后，统一运至富春江环保热电厂实行垃圾焚烧。每年里山镇财政需支付垃圾焚烧费 9.70 万元，村清洁人员工资和垃圾转运费达到 18.20 万元，这对于经济不是很发达的乡镇来讲是个不小的负担。项目采用有机垃圾厌氧发酵及"三沼"综合利用技术，将人工分类后的有机垃圾经过粉碎机粉碎处理后进入厌氧发酵房堆肥，经过半年左右的厌氧发酵和沼液回流腐熟作用，产生的有机肥料用于附近茶山、竹笋林、瓜田等的施肥，垃圾渗滤液通过厌氧池处理后回收沼气资源提供给附近敬老院的炊事用能，产生的沼液用于农业生产用肥。

2. 项目实施情况 该项目对农村生活垃圾的减量化、资源化处理方式进行了有益的尝试，主要新建垃圾细化分拣与粉碎机作业场地 200 米^2、有机垃圾发酵房 360 米^3、渗滤液厌氧发酵池 100 米^3。项目可年处理有机垃圾 850 吨，年产沼渣(有机垃圾发酵物)830 吨、沼气 3600 米^3、沼液(经处理的垃圾渗滤液)10 吨。有机垃圾发酵物其各项指标均符合《城镇垃圾农用控制标准》(GB 8172—1987)。

3. 效益分析

（1）经济效益　示范项目可年处理有机垃圾 850 吨，年产沼渣 830 吨、沼气 3 600 米^3、沼液 10 吨。按 25.00 元/吨沼渣、1.60 元/米^3 沼气、8.00 元/吨沼液计算，每年可产生的经济收入约 2.66 万元。

（2）生态效益　项目通过生活垃圾的减量化、资源化处理，减少了40%～50%的垃圾焚烧量，使得垃圾可以根据不同的物性各得其所，达到资源循环利用的最终目的。

第七章

区域集约型农村能源生态模式

传统区域经济发展战略强调不同产业之间的集聚或集群，旨在通过"簇群式"发展谋求推进区域经济整体水平的提升，却相对忽视不同类型产业之间的产业链与生态转换关系，这在一定程度上抑制了区域不同产业规模发展壮大的空间。区域集约型农村能源生态模式则从循环经济的角度，依据区域布局优化与分工优化的原则，通过建立健全区域生态融合机制与产业共生机制，实现全区域社会经济增长与生态保护的动态均衡。根据分工原则，以区域资源优势为导向，以特色农产品和主导产业为中心，联结一二三产业，实施以发展农业循环经济为主的区域集约型农村能源生态模式。

第一节　区域集约型农业循环系统

一、区域集约型农业概述

区域经济泛指一定区域内的人类经济活动。在与国民经济的关系上，区域经济是一个国家经济的空间系统，是具有区域特色的国民经济；在一定区域范围内，区域经济是由各种地域构成要素和经济发展要素有机结合、多种经济活动相互作用所形成的、具有结构和功能的经济系统。

区域集约型农业循环系统，是以生态学、区域经济学、循环经济等理论为指导，通过一定的农业循环链条对各种农业资源（广义上指农业自然资源、农业人造资源与农业人力资源）高效、循环和减量化利用，使区域集约型农业循环系统的物质流、能量流、信息流、价值流、人口流（简称"五流"）实现良性流转，产业链、价值链、利益链、技术链、服务链（简称"五链"）实现良性互动，逐步实现区域农业生态化、生态农业现代化、现代农业产业化、产业农业多元化，从而建立起来的使区域集约型农业经济实现可持续发展的复杂系统。

二、区域集约型农业循环系统的构成

区域集约型农业循环系统是一个十分复杂的系统，其构成要素主要有：农

业资源子系统、农业生产子系统、农业市场子系统和农业管理子系统。同时，它和区域工业系统及区域社会系统构成更大的系统。其中，农业自然资源（包括农业区位条件和农业用水、土地、气候、生物资源等）和农业人力资源（包括农业劳动力素质的提高和农村剩余劳动力的转移）和农业人造资源（包括农业技术资源和农业资本资源）共同构成了农业资源子系统；农业生产、林业生产、牧业生产、渔业生产和农副业（农产品的深加工以及农村旅游业的发展等）共同构成了农业生产子系统；农产品市场和农业生产要素市场构成了农业市场子系统；而农村新型组织形式（包括政府形式的、协会形式的和专业合作小组或合作社形式等），农业区域规划、政策及相关法规、规范和准则等，以及农业生产管理、农业市场管理和农业信息服务平台等构成了区域农业管理子系统。

通过构建这一区域集约型农业循环系统，使系统内部能够实现物质、能量的循环以及信息、价值和人员的流动，从而引起系统内"五链"的良性互动，形成区域农业系统内的小循环。与此同时，它又和区域工业系统及区域社会系统形成区域内更大的循环，甚至区际间循环。本文构建的区域农业循环系统强调的是系统内部的循环，重点在于研究区域内农业、林业、牧业、副业、渔业各自内部和它们相互之间由"五链"连接并实现"五流"良性流转的农业循环经济系统，即区域集约型农业生产子系统。

三、区域集约型农业循环系统的特征

（一）区域集约型农业循环系统具有区域性

区域性是区域集约型农业循环系统的标志性特征。农业循环系统是建立在一定区域之内的系统。这一区域是由于自然的原因（资源禀赋等）、历史的原因（如地方特产）和市场的原因（如市场的联系程度）所形成的特定区域。

1. 资源禀赋的区域性 资源禀赋主要指一个区域所拥有的自然资源（土地、水利、矿产、森林等）、人口、地理位置、气候等"先天"资源要素，这些要素都具有很强的区域性。同时，各异的"先天"资源条件也决定了各区域生产出相互差异的农产品。

2. 农业种植、养殖传统的区域性 由于各地农业发展的历史不同，使得各地传承的种植（养殖）习惯、技术水平等也呈现出很大的差异。比如，北方习惯种植小麦、玉米，南方习惯种植水稻；平原区种植农作物，山区主要生产林产品和药材；沿海发展水产养殖，草原发展畜牧业。

3. 区域农业循环经济系统由于空间距离的影响，区域性更强 这是因为：①农产品的价值通常不高、附加值不大，因此克服空间传输成本的价值空间非常有限；②作为农业循环经济的主体，企业的数量不多、规模不大，更多的是分散的农户，其循环利用对象规模小，循环利用的产出也不具备规模经济水平，因此运输农产品及其废弃物的平均空间距离成本较高；③农产品及其废弃物，由于自身的特性，很多是不便于远距离运输的。否则，要么单位运输成本高，要么物质或能量损失大。比如，用于产生沼气的人畜粪便就是如此。所以，区域集约型农业循环系统，其物质、能量的流动很大程度上是在某一区域内空间距离很近的地域空间上实现循环的。

(二) 区域集约型农业循环系统具有资源可循环性

这里的资源包括：农业自然资源（如土地、草原、森林、天然淡水资源等）与农业人造资源（如化肥、农药、机械、海水淡化水资源等）。对这两类资源，按照产业生态学原理，一定区域上各生产单位内部或者单位之间，依据其物质流、能量流，通过一定的技术链接，可以形成区域农业循环系统内部各种资源的代谢和共生关系，使农业某生产环节的废弃物质成为其下一生产环节或其他农业生产环节的生产资料，实现物质和能量的不断循环利用，达到资源的减量化、物质的再利用和废弃物的资源化。

(三) 区域集约型农业循环系统具有多样性

由于区域各自的条件不同，如自然禀赋、传统优势产业、经济发展水平、区位条件等存在历史和现实的差异，从而使得区域集约型农业呈现出多样性的特点，表现为区域内和区际间先天发展的不平衡性和时空发展上的梯度性、渐进性。这一特征是探讨区域集约型农业循环经济理论和构建区域集约型农业循环系统的重要依据。它告诉我们，构建区域集约型农业循环系统必须从区域实际出发，因地制宜，充分发挥区域优势，并逐渐形成鲜明的区域特色，绝不能盲目照搬照抄别人的模式。

(四) 区域集约型农业循环系统具有整体性

区域集约型农业循环系统作为一种系统，天然就具有整体性特征。区域集约型农业循环系统的各子要素（即各种资源），通过一定有机组合和技术链接，实现"五流"良性流转、"五链"良性互动的有机整体。

(五) 区域集约型农业循环系统是实现经济、生态和社会效益的统一体

综合实现经济效益、生态效益和社会效益是区域集约型农业循环系统的本质属性。正是这一本质属性，才使得构建区域集约型农业循环系统真正具有价值，这也是发展区域集约型农业循环系统的目的所在。区域集约型农业循环系统在相互联系又相互区别的三个效益的实现中，必须把经济效益放在首位。这是由经济主体的行为动机所决定的。只有区域集约型农业循环系统经济效益实现好了，才能促进区域集约型农业循环系统的良性运行，从而带来良好的生态效益和可观的社会效益。反过来，生态效益和社会效益实现得好，也将为区域

集约型农业循环系统注入更大的活力，促进区域集约型农业循环系统的建设，为实现更大的经济效益打下基础。因此，无论从理论上还是从实践上，区域集约型农业循环系统实现三个效益的统一，都是完全可能的。

四、构建区域集约型农业循环系统的三个关键问题

（一）区域集约型农业循环系统的构建主体

这是构建区域集约型农业循环系统必须首先要明确的问题，即在政府、农民和企业之间谁是构建区域集约型农业循环系统的主体。答案似乎很明确——农民和企业。实践证明，只有当农民的选择得到尊重时，其积极性才能得到发挥，农村蕴藏的巨大潜在生产力才能转化为现实的生产力。在构建区域集约型农业循环系统的过程中，尊重农民的意愿，必须要以农业生产者为主体。政府在这个过程中，不仅不能发生职能的"错位、越位、虚位"，还必须做到"职能回位"，发挥其"政策引导职能、协调职能、调控职能和检查监督服务职能"，为区域集约型农业循环系统的构建创造良好的外部环境。

（二）区域集约型农业循环系统"三个效益"的关系

区域集约型农业循环经济是市场经济条件下的一种新型的经济形式，属于市场经济的范畴，它的顺利构建和健康运行都必须遵循市场经济规律。所以，作为经济学基础的"经济人"假设，同样是发展区域集约型农业循环经济、构建区域集约型农业循环系统的基本假设。它主要包括以下三个基本命题：其一，"经济人"是自利的，即追求自身利益是他们经济行为的根本动机；其二，"经济人"在行为上是理性的，追求利益的最大化；其三，只要有良好的法律和制度保证，"经济人"追求个人利益最大化的自由行动会增进社会公共利益。其中，最后一个命题是"经济人"假设的核心。作为构建区域集约型农业循环系统主角的农民和相关企业，其根本动力是成本——收益框架下实实在在的经济利益，而不是生态效益和社会效益；但是，一旦区域集约型农业循环系统建成，无疑会带来一定的生态效益和社会效益。这正是政府发展区域集约型农业循环经济的目标所在，但绝不是大多数农民和企业所首要追求的。所以，政府一定要找准位置，切不可一厢情愿地把生态效益和社会效益放在首位，而要考虑到农民和企业追求经济效益的实际情况，在构建区域集约型农业循环系统中顺势而为，充分挖掘以农民为主体的劳动者的巨大潜力，推进区域集约型农业循环系统的顺利构建。

（三）区域集约型农业循环系统的外部性

外部性指的是企业或个人向市场之外的其他人所强加的成本或效益。它分为两种：外部正效应，即某种产品收益的外部化将导致这种产品私人收益小于社会收益，从而导致私人产品的供给不足，从而带来福利损失；外部负效应，

即生产商忽视产品的外部成本将会造成产品的实际供给量大于帕累托最优的供给量，这也会导致社会福利的损失。外部性的意义在于，如果经济系统中存在外部性，则市场均衡不是有效的，或称市场失灵，存在进行帕累托最优资源配置改进的可能。要激励人们主动构建具有正外部性的区域集约型农业循环系统的行为，一方面政府要进行必要的干预，同时动力、补偿机制也不可少，如补贴手段、政策支持、财政扶持等，以使其达到帕累托最优。构建区域集约型农业循环系统同样存在外部性的问题，从成本收益角度看主要表现在以下几个方面。

1. 经济收益的流失　作为一个特殊的行业，农业本身具有很明显的"收益外部化"。在我国，如果扣除国家对农业的资本注入，在工业化资本原始积累过程中，我国农业平均每年要把新创造价值的 9.4%无偿贡献给工业。

2. 对其他行业成本外部化的接受　和工业、交通运输业等其他非农产业相比，农业更容易成为成本外部化的受体。例如，我国工业"三废"对农业环境的污染正在由局部向整体蔓延。此外，工业、交通、能源、通信、商业中的尾气污染、噪声污染、白色污染、电磁污染等，都会影响农业生态环境。为了克服这些不良影响，农业生产经营者不得不付出额外的成本。

3. 生态环境及景观功能的无偿提供　生态环境及景观功能也是一种公共物品，农业则在对这类公共物品提供的过程中扮演了重要的角色。比如，区域集约型农业循环系统的构建将促进农业资源持续高效利用，不仅可以改善生态环境，还推动无公害农产品、绿色食品的发展，对提高农产品质量、完善农产品安全体系也可发挥积极作用。

4. 对生态环境的成本外部化　主要体现在农业使用物污染和农业废弃物污染两个方面。农业耕作时需要利用的许多介质，如农药、农用塑料等，都会造成环境污染。这些损失本应由农业承担，却被转嫁给了其他经济主体。在农业废弃物方面，不恰当地处理农业废弃物也会对生态环境造成破坏。比如，近年在很多地区普遍存在焚烧秸秆的现象，不仅造成严重的空气污染，有的还引起交通事故和飞机航班延误。这种行为，相当于把保护环境的责任转嫁给了社会。

第二节　我国区域集约型农业发展战略与定位

一、国家区域集约型农业发展战略出台背景

进入 20 世纪 90 年代，我国区域社会经济发展不平衡，区域差距有进一步扩大的趋势。因地制宜地选择区域集约型发展模式、调整国家战略布局、制定相应的引导政策与扶持措施，根据国家经济和社会发展的需要，中共中央、国

务院适时把握时机，分别在不同时期提出了"四大区域集约型发展战略"，以促进区域协调持续发展。

1. 针对西部地区生态环境恶化、基础设施薄弱、社会经济发展水平低，以及当时国内的总需求不足的情况，政府加大了基础设施建设的投入力度，拉动内需，特别是针对西部地区采取了一系列的倾斜措施，国务院发布了"关于实施西部大开发若干政策措施"。

2. 针对东北等传统工业基地发展停滞、缺乏新的经济增长点，产业发展转型困难、下岗职工增多，中共十六大报告指出"支持东北地区等老工业基地加快调整和改造，支持资源开采型城市发展接续产业"（2002），随后出台了"中共中央国务院关于实施东北地区等老工业基地振兴战略的若干意见"。

3. 针对中部地区经济发展缓慢，主要农区农民收入增收缓慢，又是我国最主要的人口聚集地和农产品商品生产基地，迫切需要培育新的经济增长点，防止"中部塌陷"，2004 年 3 月，时任国务院总理的温家宝同志在政府工作报告中，首次明确提出"促进中部地区崛起"的重要战略构想。2006 年 4 月 15 日出台中部地区崛起的纲领文件——"中共中央、国务院关于促进中部地区崛起的若干意见"。

4. 部分沿海地区率先发展是落实科学发展观、建设和谐社会的重要保证，通过扩大改革开放和加强制度创新，为实现 21 世纪目标奠定强大的物质基础。东部要在率先发展和改革中带动帮助中西部地区发展，促进普遍繁荣和共同富裕。国家有关部门先后提出东部地区率先实现现代化。

二、国家区域战略对区域集约型农业发展定位

西部大开发战略提出了特色农业、农产品深加工、生态恢复与建设的区域农业发展定位；东北老工业基地振兴战略提出了巩固农业的基础地位，巩固东北地区作为国家重要商品粮基地地位，大力发展规模农业与现代农业的区域定位；促进中部地区崛起战略提出了全国重要粮食生产基地，培育龙头企业，建设农产品加工基地，延长产业链的区域定位；东部率先发展提出了东部地区加快发展步伐，率先实现农业现代化。东部率先实现农业现代化，为全国农村积累经验，走出一条适合我国国情的农业现代化道路，把我国农业和农村发展提高到一个新水平的区域定位。

国家战略是区域集约型农业发展定位的重要出发点，在新的时期下，区域集约型农业的发展应该紧紧围绕"四大区域战略定位"，服务于"四大战略"目标，为区域经济社会发展和国家粮食安全提供重要保证，从而实现国家的战略部署和整个国民经济的协调和可持续发展。

三、四大区域集约型农业发展的基本特征

（一）西部地区特色产业优势明显，但农业资源与生态环境约束十分突出

西部地区占我国国土总面积的 60％以上，耕地占 1/3 以上，水资源占全国的近一半，森林面积、林木蓄积量以及草地资源也比较丰富。西部已初步形成专用玉米、糖料、棉花、苹果、肉羊、牛奶等优势产区，特色农产品在全国已占有举足轻重的地位，如新疆的棉花产量已占全国的 1/3，甜菜占全国的近 2/3；广西的甘蔗年产量超过全国的 1/2；云南贵州烟叶年产量约占全国的 1/2；内蒙古牛奶产量占全国的 1/5 以上。农业发展面临着资源与生态环境的严重约束，西北内陆地区水资源极为短缺，年均降水量不足 200 毫米，单位耕地面积平均拥有水量仅为全国平均水平的 1/10，单位农业产出的耗水量还高于全国平均水平。水土流失面积占其土地总面积的 60％以上，土地荒漠化面积占其土地总面积的 20％以上。草地退化和土壤盐碱化的趋势也没有得到有效遏止，生态环境十分脆弱。同时，西部是少数民族集中聚居地区，也是贫困人口最为集中的地区，农民人均纯收入远低于全国平均水平。

（二）东北地区粮食专业化生产趋势明显，但农业基础设施薄弱，农民收入增长缓慢

东北地区农业生产条件优越，人均农业资源尤其是耕地相对丰富，已成为我国最重要的商品粮基地。粮食生产的商品率超过了 80％，已基本形成我国最大的专用玉米、高油大豆和北方最大的优质水稻产业带，吉林的玉米占全省粮食面积的 2/3 以上，黑龙江的大豆和粳稻种植分别占 42％和 18.8％，畜牧业和加工业有一定的发展。然而东北地区农业基础设施薄弱，抗灾能力低。每公顷耕地农机总动力只有 2.61 千瓦，不及全国平均水平的一半；耕地有效灌溉率只有 25.7％。农民收入增长缓慢，改革开放之初，东北地区农民人均纯收入在全国处于领先；但近年来，农民人均纯收入远低于东部地区。

（三）中部地区大宗农产品生产在全国地位突出，但农业产业化发展滞后，农业增产和农民增收之间尚未形成良性互动

中部地区农业生产条件优越，历来是我国农产品的主要生产基地，被称为粮仓和"鱼米之乡"。粮棉油以及肉类等大宗农产品发展迅速，大宗农产品生产在全国占据突出地位。改革开放以来，除棉花外，其他大宗农产品在全国所占的比重都呈上升趋势；中部六省粮、棉、水果、肉、蛋在全国所占的比重都在 30％左右，油料比重为 40.7％。目前已建成专用小麦、专用玉米、棉花、"双低"油菜、"双高"甘蔗、柑橘、苹果、肉牛、肉羊、牛奶、出口水产品、河蟹等优势农产品产业带和养殖区。由于资金、技术等方面的欠缺，农产品转

化增殖方面却比较落后，产业化水平不高。农副食品加工业规模以上企业中，平均单个企业创造的增加值和利税，仅相当于全国平均水平的 74.2%、68.8%，比西部地区还要低，与东部地区差距更大。农产品加工业水平低，对农业的带动力不足，以及农户经营规模偏小，导致种粮效益相对较低，农业增产和农民增收之间难以形成良性互动。

（四）东部地区外向型农业发展迅速，现代农业发展走在全国前列，但农业资源非农化趋势和过度利用问题突出

东部地区地处沿海，具有独特的交通、区位优势，外向型农业成为农业发展的强力增长点。2000 年以来，东部地区农产品出口值年均增幅超过 12%，占全国农产品出口总值的比重保持 70% 左右。现代化农业已现雏形。农业装备水平领先全国，耕地农机装备动力达到 9.6 千瓦/公顷，比全国平均高近 1 倍，农产品加工程度和产业化经营水平相对较高，东部地区食品工业总产值相当于地区农业总产值的 1.07 倍。东部地区人多地少，耕地资源严重不足，由于经济快速发展，农业资源出现严重的非农化倾向，加上结构调整，导致东部地区粮食面积和产量不断萎缩。2000 年以来，东部地区粮食播种面积调减了 686.67 万公顷，下降了 21.8%，占全国粮食面积减少量的 72.2%。同时，由于高投入、高产出的集约化经营和工业化过程中对环境污染监管力度不够，导致水资源超采和水体污染严重，农业环境威胁了安全生产，也影响到农产品出口，制约着外向型农业发展。

四、区域集约型农业发展的基本思路与战略目标

区域集约型农业发展要按照全国农业和农村经济发展规划中对农业区域和产业布局的要求，响应国家战略要求和"四大区域发展战略"对农业发展的定位，按照"因地制宜、发挥比较优势，市场导向、产业化经营，分工协作、统筹协调，积极引导、整体推进，适度规模、保护生态环境"的原则，从战略上引导农业在东、中、西部地区的优化布局与合理分工合作，依照种植业、养殖业、加工业等产业层次要求，制定合理的区域发展目标，找准区域集约型农业发展重点并作出战略部署，推进区域集约型农业的有序发展。

（一）推进区域集约型农业发展的基本思路

根据全面建设小康社会和建设社会主义新农村的要求，以保障粮食安全、增加农民收入和加快农村发展为目标，"用现代物质条件装备农业，用现代科学技术改造农业，用现代产业体系提升农业，用现代经营形式推进农业，用现代发展理念引领农业，用培养新型农民发展农业"，统筹区域集约型农业发展。采取市场主导、政府调控相结合的方式，以农业发展的工业化思路为指导，贯穿区域集约型农业发展理念，以发挥区域比较优势为出发点，推动农业生产现

代化为手段，大力培育区域集约型农业优势产业和优势产品，构建区域集约型农业产业链，形成农业区域化布局和专业化分工；深度挖掘各区域特色资源潜力和市场优势，发展区域特色农业，形成特色优势产业带；建立区域分工协作的互动机制，形成以东带西、四大区域优势互补、协调互动、共同发展的区域集约型农业发展格局，促进区域农村经济实现协调、均衡发展。

在国家总体经济格局和农业发展总体布局下，各区域应落实科学发展观，发展资源节约型、环境友好型与高附加值型农业，发展农业循环经济，形成农业在空间的合理分工布局与功能拓展，大宗农产品向资源优势区聚集，高附加值产品则向市场需求区及资本密集区转移，农产品的区域化与专业化趋势日益加快，推动农业生产手段现代化和生产经营现代化，大力提高农业水利化、机械化和信息化水平，提高土地产出率、资源利用率和农业劳动生产率，提高农业素质、效益和竞争力。

（二）推进区域集约型农业发展的目标

① 西部地区地域广阔，气候、地貌类型多样，农业发展潜力较大，在保护生态环境的目标要求下，特色农业、旱作节水农业、绿色农业等生态型农业将会得到进一步发展。由于粮食供给及草场环境的制约，西北地区的草地畜牧业发展保持稳定，西南的草食畜牧业发展将加快，畜产品比重将保持稳定，奶业生产能力大幅度提高；新疆地区棉花产量将占到全国的 40% 以上，成为我国最大的调出区域。以水果、花卉、地道中药材、特色养殖等为代表的特色农业将会得到迅速发展，成为农民收入增加的主要来源，农民收入增量的 50% 以上来源于特色农业。

② 东北地区地域辽阔，在我国粮食安全中的地位将会进一步上升，中国粮食产量增量的 50% 以上来源于该地区。玉米、大豆、稻谷为代表的口粮与饲料粮输出进一步增加，成为我国大城市居民口粮（稻米）和商品饲料（豆粕、玉米）的重要供应基地，粳稻商品率将超过 90%。同时，依托丰富的饲料资源，畜禽规模化养殖、奶业以及与之相匹配的加工业发展及相关的龙头企业则将发展壮大。农业生产的机械化和规模化趋势进程将会进一步加快。

③ 中部地区是我国最重要的农区，也是农产品发展最具有现实潜力的地区。棉、水果、肉、蛋在全国所占的比重将超过 30%，油料比重将超过 40%。长江中游平原、黄淮地区是我国最重要的粮仓与商品粮供给基地，更是加工专用粮生产基地和饲料粮生产基地，农业发展将借助粮食及相关种植业的优势，积极延伸农业产业链条，养殖业将比全国其他地区发展更快一些，肉类产量占全国比重将超过 30%。随着中部崛起战略的提出与实施，对农业发展的要求进一步加强。农业总产出占全国的比重将逐步提高，成为我国农产品输出区域。农业专业化产业带将在东北地区和中部地区率先形成。

④ 东部沿海按照东部农业率先实现现代化要求，在保证当地居民口粮基本自给的基础上，积极发展外向型农业和城郊型农业。东部地区将是我国高附加值农业生产和优势产品出口基地，以蔬菜、水产、规模养殖为特征的外向型农产品的生产根据沿海地区农业资本密集、加工业发达、信息流畅、出口便利的特点，主要向东部沿海地区聚集，农产品出口产值将占全国比重的70％以上。通过发展设施农业，提高农业资本的有机构成，适度扩大农业生产规模和提升农业装备化水平，农业装备水平将高出全国平均水平的50％以上。

五、区域集约型农业发展定位与战略重点

（一）西部地区区域集约型农业发展定位与战略重点

1. 功能定位 实施特色农产品、绿色农产品、旱作农业等生态农业战略，推动资源节约型农业发展，保护西部生态环境，把其建设成为特色农产品发展基地和国土安全的重要生态屏障。

2. 战略重点 西部是我国的生态脆弱区、国土的生态与边境安全保障，资源开发的潜力较大，但现阶段农业生产水平相对较低，农民增收缓慢，具备发展特色农产品、草地畜牧业和生态农业的优势，着重营造绿色农产品发展的良好环境。重点实施如下战略。

（1）特色农业 加快发展优质棉花、糖料、水果、蔬菜、花卉、中药材、牧草、烟叶、茶叶、蚕桑、脱毒种薯和名特优水产品等具有传统优势的农产品生产，建设特色农产品生产基地，大力发展特色农产品加工业，注重地方民族风味和传统特色。

（2）绿色农业 西部地区大气、水、土壤等自然环境状况明显优于我国东部及中部地区，因地制宜选择发展西部生态农业最佳模式，建设西部生态农业与开发绿色食品相结合。西北地区重点发展旱作农业，以水资源节约利用为核心，大力推动马铃薯、特色小杂粮的生产。西南地区重点发展利用丰富的草山草坡资源，发展草食畜牧业；大力发展生物质能源作物，开发非粮食作物的甘蔗、木薯等种植基地。

（3）生态保护与建设 继续实行推进退耕、还草措施的相关政策措施，发展资源节约型农业，加强风沙区、水源保护区的生态建设与恢复，在西南等地区，积极推动以农业废弃物资源综合利用为主的清洁农村能源工程（沼气），保护当地的林地资源。

3. 战略布局 西部地区地域广阔，资源条件千差万别，农业发展各具特色，区域集约型农业发展的重点也各不相同，不同区域布局如下。

（1）内蒙及长城沿线区 坚持以畜牧业为重点，强化农牧结合。在加强草

原和高标准基本农田保护建设的基础上，重点发展特种优质谷物和以甜菜为主的经济作物生产，加强奶业产业化基地建设。

（2）西南地区　在综合治理和改善生态环境的基础上，大力加强烤烟、甘蔗、茶叶、中药材、花卉、冬春绿色蔬菜等特色农产品的生产基地建设，积极发展特色农产品加工业。进一步发展以养猪为主的优势畜牧业和草食畜牧业发展，推动肉制品加工业能力的提升。

（3）黄土高原区　加大退耕还林还草力度，治理水土流失。在加强高标准基本农田建设、努力提高单位面积产量的基础上，积极发展经济林果业，推动果品加工业的发展。

（4）甘新区　发展集约化的绿洲农业与牧区畜牧业，加强优质高产的糖、棉、瓜果基地和以羊为主的畜牧业基地建设，推动棉花、小麦生产的规模化和现代化。扶持发展具有传统优势的、并在国内外享有盛誉的蕃茄、葡萄、香梨、啤酒花、枸杞等特色农产品，深入推动农产品加工业的发展。

（5）青藏区　以保护草地天然生态系统为主，加强和改良草地植被。加强人工草场建设，调整畜群结构，提高牲畜的出栏率和畜产品品质。在"一江两河"等河谷地区发展油菜等特色农业。

（二）东北地区区域集约型农业发展定位与战略重点

1. 功能定位　实施农业规模化、机械化、粮食转化与加工增值战略，把其建设成为我国重要的商品粮生产基地（玉米、大豆）与精品畜牧业生产基地，率先建成我国大宗农产品的专业化带，为国家粮食安全提供现实保证。

2. 战略重点　东北地区农业发展要用工业的思维谋划农业，发展以农业产业化、规模化为主的区域集约型农业是东北振兴的重要部分和新的经济增长点，充分利用东北农业资源的综合优势，应用现代科技和现代工业装备农业、用现代管理手段经营农业，进一步强化东北农业在国家安全中的地位，把东北建成为我国最大的粮食安全保障基地、最大的粮草结合型精品畜牧基地和现代高效生态农业科技示范推广与安全生产基地。

（1）推动粮食转化与加工增值　在保障国家粮食安全目标的前提下，由单一生产转变为粮食—经济作物—饲料作物协调发展格局，加大优质、高效农产品的比重，依托粮食资源组合优势，培育新的增长点。按照区域化布局、专业化生产、一体化经营、企业化管理的产业化经营模式，形成扶龙头、建基地、带农户的产业化经营发展格局和多类型的农业产业化体系，推动粮食转化与加工增值。

（2）推动精品畜牧业发展　农业缺乏市场拉动和工业拉动的东北地区，应在"粮仓"优势基础上，以市场为动力，推进畜牧业跨越式发展，把畜牧业建设成为东北农区的支柱产业，扶持发展奶业，再打造"肉库或奶油"的优势，不断延长和扩大产业链，发展大宗农产品经济。

（3）实施以耕地质量建设为核心的资源保护　东北广阔的土地和肥沃的黑土地是东北地区农业规模化和现代化的根本，要保护东北地区的以耕地为代表的农业资源，加强耕地质量建设，同时要提升水资源的利用效率，加强农业基础设施建设。

3. 战略布局　依托三江平原大面积的湿地生态资源，建设大型优质安全水稻生产基地；利用中部平原区充裕的粮食资源，发展以淀粉和豆类制品为主导产品的粮食规模化加工业；依托丰富的山地森林生态优势，开发利用林特产资源，加大食用菌、人参、林蛙等林特名牌产品的培育与开发。一是依托独特的生态环境条件，在辽东半岛和辽西及丘陵地区发展绿色水果生产基地。二是以松嫩平原、三江平原畜牧业产业链和生态畜产品精深加工业基地为重点，强化优质畜牧产品加工基地建设。三是中部平原农区的秸秆资源和玉米、大豆等饲料粮生产优势，是规模化畜牧业发展的重要保障；以发展乳制品工业为龙头，促进玉米带—奶牛带的整合发展。优化农业种植结构，发挥农区种草的比较效益，建设"舍饲养殖"基地。四是西部牧区要利用草场改良和发展人工草场和肉牛基地的契机，以优质肉制品企业为龙头，建成西部肉牛、细毛生产基地。

（三）中部地区区域集约型农业发展定位与战略重点

1. 功能定位　实施稳定大宗农产品生产、延伸农业产业链、发展农业循环经济战略，建设我国重要粮食生产基地，发挥农业多功能性，拓展农业功能，使区域集约型农业发展成为中部地区农民增收的重要源泉、社会主义新农村建设的重要保证和为国家实施中部崛起战略提供重要支撑。

2. 战略重点　长期以来，中部地区形成了棉花、双低油菜、小麦、水稻、肉牛肉羊、水产品六大优势农产品。在巩固农业主产区地位的同时，积极建立围绕农业发展的新兴工业格局，形成从绿色农业、生态农业到食品加工业再到出口农业等产业链条，有条件的地方，大力发展农业装备，全面提升农业现代化水平。当前，中部地区农业发展应实行如下战略重点。

（1）扶持构建区域优势农业体系　根据中部六省自然环境的地理变化和农业生态自然资源最佳开发利用方式的区域差异，以及主要商品农产品在地区分布上的交叉重叠等特点，以中部三大平原农业区为重点、以两湖平原为主的农业区，以黄淮平原为主的农业区和以洞庭湖为主的农业区，强化三大区域的农业特色，构建具有区域优势的现代农业产业体系。

（2）推动农业产业化经营　一是发展优势农产品，壮大区域性支柱产业。在中部的小麦、棉花及双低油菜优势产区，引进、培育和推广优良品种，推广一批降本增效技术。在水产品优势产区重点推广一批健康水产养殖技术。二是培育龙头企业，科学选择多种产业化经营模式。扶持有条件的龙头企业在优势产区建设农产品生产、加工、出口基地，加强基地与农户、基地与企业之间的联动与合作，由以农民为生产单元向"农户＋基地＋企业"的农业产业化模式转变等。

（3）以农业产业创新为动力、发展农业循环经济　围绕具有优势的农产品资源，提高精深加工水平，挖掘地方农产品传统加工技术，形成优质、高效、特色农产品加工业，延长产业链。以推动资源节约型农业发展、农业产业化过程的清洁生产、农业废弃物的资源化利用和农村生活清洁消费为切入点，充分利用农产品每一个环节的废弃物资源，推动农业生产方式和组织方式的变革，大力发展农业循环经济，推动区域农业产业创新，使农业成为中部农区农业增收的重要源泉。

3. 战略布局　长江中游（四省）重点推动水稻、棉花生产优势化、规模化、淡水产品、农产品深加工；在黄淮（山西、河南）重点推动优质小麦生产，规模化养殖以及农产品深加工。积极发展绿色食品，包括发展无公害粮油和蔬菜、畜禽、水产品及其加工产品。一是加快建立"两湖平原"（江汉平原和洞庭湖平原）为主的生态农林牧渔农业区的建设。调整种植结构，大力发展优势突出的优质双季稻和双低油菜，重点扩大芝麻、花生与苎麻、中药材等；畜牧业重点发展牛、山羊、猪、鸭、鹅；林业以发展茶叶、板栗、银杏、油茶、油桐为重点的经济林。二是以黄淮平原（包括山西省）的冬小麦、棉花、花生与芝麻、烟叶、中药材以及牛、羊、猪、鸡等现代农牧为主的平原区，进一步加快农作物优良品种的更新换代，加强以水、肥、土壤耕作为中心的栽培管理，大力推广实用先进技术，努力提高单产，强化优势农作物生产，优化农作物结构。畜牧业发展应充分利用丰富的小麦、玉米、水稻作物秸秆与饲料优势，重点发展肉用牛、羊、猪、鸡等家禽。三是在以长江中下游为主的农业区，优化农作物结构，重点发展优质双季稻、双优油菜等，畜牧业应该充分利用丰富的作物秸秆与饲料，重点饲养牛、山羊、猪、鸭、鹅等。

（四）东部地区区域集约型农业发展定位与战略重点

1. 功能定位　实施"工厂化农业、外向型农业、特色农业等高附加值农业"战略，推动东部地区率先实现农业现代化，把其建设成为我国农业现代化的展示基地和农业走向世界的窗口。

2. 战略重点　东部地区粮食生产要保证当地农村居民粮食基本自给的基础上，严格保护耕地，走资本密集型、资源节约型的道路，发展"工厂化"农业和"外向型"农业，在部分山区大力发展热带与亚热带特色农产品，形成农业"特色化"，大幅度提升农业发展的市场化水平。其战略重点如下。

（1）农业国际化 东部地区其经济基础和区位条件有利于农业国际化的发展；长江三角洲地区要重点发展蔬菜、花卉、名特优水产品等农产品，建成规模化、高标准的农产品出口创汇基地；东南沿海地区要以高标准设施化栽培和工厂化规模养殖为主，大力发展资本和技术密集型农产品生产，重点发展面向中国的香港、澳门、台湾，以及东南亚和欧美市场的优质高档菜篮子产品，促进热带、亚热带花卉、水果、中药材、名特优水产品等规模化生产；环渤海地区主要面向日韩等东亚市场，着力开拓俄罗斯和欧盟市场，重点发展蔬菜、水果、海水养殖等产品，提高农产品加工深度。

（2）农业"工厂化" 东部地区发挥其资本充足、农产品消费市场高档化的区位优势，实施高投入、高产出、高效益的"三高"农业发展方向，用现代工业武装农业，推进农业现代化进程，积极推行设施种植业、设施畜牧业和设施水产业，发展安全、绿色、有机农业，把农业转向现代高新技术农业、工厂化农业的发展道路。如上海等地区应突出农业的生态、旅游休闲、出口创汇、农业科普教育和辐射示范。大力推动生态农业、观光农业、设施农业、高效工厂化的设施农业发展。

（3）农业"特色化" 东部山区接近消费市场和国际市场，山区类型多样，适合于发展特色农业，如热带、亚热带作物，应积极推动农业"特色化"战略，为与中西部发展特色农业构成有机整体，也是带动山区人民致富的重要途径和出发点。

3. 战略布局 一是珠三角（含福建）重点发展以花卉、苗木、水产、热带特色果品等代表的出口创汇农业和高效益农业，以满足外贸出口和城市供应的需要为出发点，全面发展畜牧、蔬菜、水果、水产、花卉等优质农产品商品生产及深加工产品基地，成为外向型和城郊型农业。二是长三角推动规模养殖业、水产、工业化（设施）农业等高档农业和都市农业发展，用于出口和满足内需。大中城市周边地区发展生态农业与循环农业相结合的农业发展模式，积极发展都市农业；中小城市周边地区重点发展以市场带动的农产品生产、加工于一体的农业发展模式；浙北、苏中地区为推动规模化农业发展。三是京津冀地区大力发展规模化生产，精细农业，主要用于满足周边大城市发展的需要，同时要重点建设生态屏障。四是山东半岛在保护粮食生产能力的同时，大力发展蔬菜种植、加工、海洋养殖。建设大型商品粮基地建设，提高农业综合生产能力。大力发展高产、优质、高效、生态、安全农业，大力发展畜牧、水产业，不断提高农业总产值的比重。实现由常规性传统农业，向优质、高产、高效农业转变，由内向型农业加快向外向型农业转变。

第三节　区域集约型农村能源生态模式

一、区域集约型农村能源生态模式的基本构架

区域集约型农村能源生态模式是区域集约型农业循环经济体系之一，是推动我国农业经济发展的重要平台，其依据物质能量循环理论和产品链接理论，以农村节能减排、环境友好、农业增收和农业和谐持续发展为目标，通过合理配置农业产业单元和配置农业资源，推进生产节约化、生产清洁化、生产循环化，从而确保农业经济优质性、高产性、高效性、安全性和清洁性。

由区域集约型农村能源生态模式的基本构架（图7-1）可知：传输原材料的原料链、传输产品的产品链、传输废弃物的废弃物链、传输再生产产品的再生产品链及其传输现代服务的现代服务链一起构成农业循环经济体系。

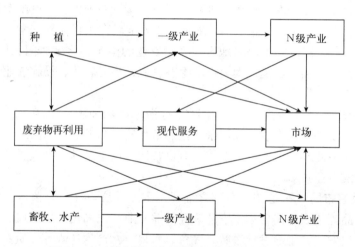

图7-1　区域集约型农村能源生态模式的基本构架

通过上述五条子循环链的相互作用，以实现各种资源的分层次利用和重复利用，从而形成"横向共生、纵向闭合和系统耦合"的有机网络体系，确保有效资源的充分合理利用，并将污染控制在最小限度。循环型农业经济体系涉及各种信息、劳力、设施等要素的生产、加工、流通、消费、废弃物循环利用等多个环节，通过利用循环型农业经济体系做好各要素资源的合理配置工作，再加上实现农、林、牧、渔及其农产品加工业的有机结合，为推进系统实现经济效益、社会效益、生态效益经济价值打好基础。

二、区域集约型农村能源典型生态模式

基于我国不同区域具有不同的资源贫富状况、经济发展水平，使得区域集

约型农村能源生态模式趋于多样性、地方特色性。**因此，这就需要区域政府部门结合当地的主导产业、特色产业、生态条件、生产条件及其产业链条件的关系，以巩固跨区域资源层级利用关系为目的，构建起不同类型的生产循环农业经济体系**，从而实现区域有效资源的合理配置、**废弃物的有效利用**，污染物的合理排放，推进区域社会经济、生态环境趋于可持续发展。

（一）西部地区典型生态模式——甘肃省定西市马铃薯产业沼气循环经济模式

作为绿色可再生生物质基材资源，变性淀粉和改性纤维素及其衍生制品是一个多学科交叉的技术密集型朝阳产业。随着石油和其他化石能源的日趋枯竭，可再生资源成为世界前沿学科领域研究的热点。

坐落于甘肃省定西市马铃薯产业园巉口精深加工区的甘肃圣大方舟马铃薯变性淀粉有限责任公司，是一家淀粉深加工企业。公司利用当地丰富的马铃薯及农作物秸秆资源，采取秸秆中纤维素、木质素等组分分离技术，以农作物秸秆为资源进行纤维素衍生物产品研究，开发秸秆综合利用技术。同时，充分利用当地马铃薯淀粉加工业生产出的薯渣，变废为宝，为企业创造新的利润增长点。

定西市依托马铃薯等特色优势产业，依托科研单位和加工龙头企业，组建了甘肃省马铃薯工程技术研究中心、甘肃省马铃薯变性淀粉工程技术研究中心和甘肃省马铃薯精淀粉工程技术研究中心，加快新品种、新技术、新产品的研发进程。建成各类规模以上农业产业化加工龙头企业 101 家，年销售收入 24 亿元，龙头企业带动辐射全市 53.8 万农户，占全市农户总数的 91%，初步形成"种植—养殖—加工—综合利用"相互联系的特色农副产品循环经济产业链。

围绕打造"中国薯都"核心区的目标，定西市**不断加强马铃薯循环经济产业园建设**，目前已建成马铃薯精深加工企业 4 家，年生产能力 15.9 万吨，其中万吨以上精淀粉生产线 3 条 5 万吨，变性淀粉生产线 7 条 10.6 万吨，水晶粉丝生产线 1 条 3 000 吨。甘肃马铃薯变性淀粉工程技术研发中心已建成投入使用，研发产品达 50 余种。富民马铃薯淀粉渣废水循环综合利用、金大地 2.5 万吨速冻薯制品和蓝天淀粉壁纸胶、淀粉糖等项目正在建设中。

在大力发展规模养殖的同时，定西市着力发展生态循环型畜禽养殖，大力推广生物发酵床"零排放"、沼气能源利用、有机肥生产等技术，建成一批生态养殖园区。

利用循环经济生态园区养殖牛羊产生的粪便、**沼液沼渣**、废弃饲草秸秆等资源，甘肃陇原中天生物工程股份有限公司投资 2 000 万元建成有机肥生产线，根据植物生长营养科学配方，采用现代**生物技术发酵腐熟**制成活性有机肥料1万多吨，既最大限度减少养殖粪便直接排放，实现周围环境治理目标，又为中天药业的药材种植基地、周边地区农户的温室大棚蔬菜种植基地及马铃薯种植基地等提供了优质有机肥料。

定西市通过秸秆青贮、氨化、微贮等形式，加大秸秆过腹还田综合利用，切实解决大量秸秆焚烧、抛河，严重影响生态环境这一严重问题。同时，启动通渭县畜草循环经济产业园建设，建设集生产、加工、销售于一体的畜草循环经济产业链（图7-2）。累计建成规模养殖小区537个、发展规模养殖户4.6万户，规模化养殖比重达到30%，安定、陇西、岷县、临洮分别被列为全省牛羊产业大县。年青贮、氨化玉米秸秆130多万吨，累计配套建设沼气12.1万户。定西畜禽饲养量及肉类总产量多年来位居全省前列，畜草产业总产值达17亿元。

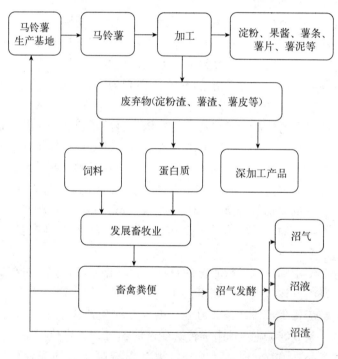

图7-2 甘肃省定西市马铃薯产业沼气循环经济模式图

（二）东北地区典型生态模式——黑龙江省农垦北安管理局有机产业循环经济模式

黑龙江省农垦北安管理局地处世界三大黑土带之一的东北平原，耕地500万亩、林地180万亩、草原120万亩，土壤有机质含量高达6%～8%，国家级百万亩出口食品农产品质量安全标准化示范区面积160万亩，拥有全国最大、认证面积39.4万亩的有机种植基地和439万亩绿色食品种植基地，建设了 10 万头奶牛、6 万头肉牛养殖区。

近年来，黑龙江省农垦北安管理局立足于独一无二的生态资源优势、全国领先的现代化农业优势、独特的畜牧业发展环境优势、高度集中的组织化优势，以规模化、集约化、专业化、信息化和现代化的组织手段，以发展绿色有机食品为切入点，围绕两种现代循环农业发展模式，建设三大有机种植基地，发展四大农业产业链，构建五环经济，着力打造国家级现代循环农业示范区，即实施"12345"工程，走上了可持续发展的区域集约型循环农业之路。

1. 精心谋划，顶层设计新格局　按照尊重、顺应、保护自然的理念，实现由自然资源向经济资源的转变、由建设城镇向经营城镇的转变、由粮食生产向食品加工的转变，黑龙江省农垦北安管理局适时提出了建设区域集约型循环农业的战略构想和顶层设计。总体布局以"有机循环、蝶舞北安"为主题，用区域集约型循环经济原理构建全新的产业结构、生产方式和生活理念，使循环农业产生"裂变效应"，到 2020 年，实现有机种植面积 100 万亩，有机肉牛出栏 6 万头，有机生猪出栏 60 万头，有机蛋鸡 500 万只，有机肉禽 1 100 万只，有机饲料产量 71 万吨，有机粮菜产量 53 万吨，年产值 155 亿元。

（1）打造一个"四化"协同的示范区　通过区点结合、点面配套的实践，围绕有机农业产业链延伸和农业废弃物资源化利用，着力打造国家级区域集约型循环农业示范区，最终实现产业链接循环化、资源利用节约化、生产过程清洁化、废物处理资源化。

（2）建设保障安全的三大基地　通过建设 60 万亩有机饲料玉米种植基地、40 万亩有机粮菜种植基地、50 万亩林下经济基地等三大基地，从源头保障农产品安全。

（3）发展循环融合的四大产业　通过发展 50 万吨有机粮菜种植产业链、6 万头有机肉牛养殖加工产业链、60 万头有机生猪养殖加工产业链、500 万只禽蛋有机肥产业链等四大产业链，推进种、养、加、销一体化，促进一二三产业的循环融合。

2. "五环"共进，着力构建有机循环经济模式　黑龙江省农垦北安管理局以农牧业废弃物资源化利用为重点，打牢有机种植基础、坚固有机养殖中轴、延长有机加工链条、拓展有机销售市场，围绕两种模式，构建五环经济。按照资源共享、优势互补的原则，北安管理局与中国 500 强之一的浙江海亮集团签订了《有机产业合作协议》，双方在有机种植、有机养殖、有机食品加工及销售方面开展全方位合作，建设了一个有机玉米种植基地、五个有机养殖场，并配套建设有机饲料厂、有机肥处理加工厂，并以北大荒仙骊菜业集团为龙头打造了有机食品加工园区和产业集群，采用先进的食品生产工艺，强化产品质量体系认证、构建农产品质量追溯体系，把产品打造成享誉国际、国内的安全健康食品。

(1) 有机种养加销循环农业产业模式 这种模式包括有机玉米种植、有机畜禽养殖、发酵秸秆和牛粪养蚯蚓、蚯蚓养蛋鸡、蚯蚓粪生产有机肥、有机肥改造农田、有机粮果菜种植、有机粮肉蛋果菜加工、冷链配送系统、产品直销终端系统等产业链条。

有机种植环。依托畜牧养殖区和有机食品基地,利用区域内畜禽粪肥资源丰富的优势条件,重点建设红星、长水河、二龙山农场等一批有机肥加工厂,生产有机营养块肥和颗粒肥,构建"有机种植环"。100 万亩有机种植基地每年施用有机肥 20 万吨,有机粮豆、有机粮菜种植每亩效益分别突破 500 元和 1 200 元大关。

生态养殖环。通过利用牛粪养蚯蚓、蚯蚓养蛋鸡,构建"生态养殖环"。尾山农场作为现代循环农业示范区建设了现代化蛋鸡、"溜达鸡"养殖场和蚯蚓养殖场,年可养殖蛋鸡 5 000 只,生产蚯蚓苗 1 吨,年可消耗牛粪 414 米^3,收获成品蚯蚓 4 吨、蚯蚓鸡蛋 130 万枚,年直接经济效益 140 万元。

林下经济环。充分利用林地资源和林荫空间,开展林下种植、养殖等立体复合生产经营。在长水河、建设、赵光等农场建立天然食用菌生产基地,利用秸秆作基料种植蘑菇,废弃料为居民供热,炭灰作钾肥返回农田。食用菌生产规模为 764 万袋/年,可转化 700 余公倾农田秸秆,节省原煤 7 000 余吨,生产有机肥 150 余吨,可拉动投资 2 500 万元,安排就业 7 000 余人。同时,在林下养殖纯生态禽类 114 万只,以有机玉米、蚯蚓、蚂蚁、树叶为主料饲喂,产生的粪便为蚯蚓、昆虫和花草树木的生长提供了养料,减少了森林病虫害,促进了森林生态的良性循环。

有机食品加工环。以二龙山农场薯渣为原料提取蛋白为代表构建"有机食品加工环"。不但把主产品的加工、运输、销售一体化作为发展方向,还把工业废弃物经过加工,形成产品或有机肥料循环到农业生产中,使有机食品加工产业链条不断延长。项目达产后年消耗薯渣 40 万吨,生产蛋白 2 400 吨,销售收入 1 800 万元。

(2) 农业秸秆能源转化利用模式 这种模式包括秸秆收储运、固体燃料加工、生活供气、集中供暖、烘干玉米、秸秆发电等产业链条。将生物质能源产业引入到整个农业生产系统的循环路径中,寻求农业废弃物的能源化综合利用途径。

清洁能源环。推广农作物秸秆饲料化、肥料化、基料化、原料化、能源化利用方式,集成应用成熟可靠的秸秆综合利用技术,让秸秆转化构建"清洁能源环"。在尾山农场建立清洁能源项目示范区,年消耗 43 万亩秸秆 26 万吨,节省煤炭 13 万吨,减少碳排放 32 万吨。与中国水电集团合作,在二龙山农场启动了生物质发电项目，设计装机容量 30 兆瓦，年发电量 2 亿千瓦时，年消耗农作物秸秆约 20 万吨。

（三）中部地区典型生态模式——河南省内乡县规模养殖产业循环经济模式

与传统的散养化畜禽生产相比，集约养殖在遗传育种、饲料营养、疫病防治、环境控制、饲料转化率、生产效率、标准化生产、经营管理、规模效益等方面都具有无可比拟的优势。随着经济的发展和人们生活水平的不断提高，人们对畜产品需求的增长已成为食物需求增长的主体。养殖业的集约化经营大大丰富产品市场，提高了人们的生活水平，实现了畜禽养殖综合效益的显著提高。同时，畜禽养殖集约化进程的加快，也对推进农业、农村产业结构调整，最大限度地实现农村剩余劳动力的就地安置，推动农民增收起到了显著作用，是推动新农村建设的重要手段。

畜禽养殖集约化经营在取得良好的经济效益的同时，其生产的外部性效应日益凸显，集约化养殖不仅造成严重的环境污染，直接影响到居民生活质量与身体健康，而且也使得养殖场与周边村民的矛盾日益激化，影响到社会的和谐进步。造成我国畜禽污染的主要原因是集约化养殖所产生的畜禽粪便得不到充分利用，与小规模的畜禽养殖不同，大规模集约化养殖所产生的粪便排放量大，运输成本较高，加之很多集约化养殖场处于城郊，农牧脱节严重，大量粪便无法在种植业、农业生产系统中被消化，粪便的资源化利用程度较低，造成严重的面源污染，污染类型以有机污染为主。据统计，目前全国畜禽粪便 COD 排放量已远远超过工业与生活污水的排放量之和。集约化养殖给城乡环境和城乡居民生活造成不可忽视的威胁。

畜禽养殖业、种植业是农业生产系统中相互依存、互为利益的耦合体，种植业的副产品可用作畜禽养殖业的饲料，畜禽养殖业产生的粪便又是种植业的良好肥源，这种"天然联系"的特性，正是循环经济所要求的。

基于这一特性，遵循生态规律，按照可持续发展理念，依托国家大力发展沼气的政策，河南省内乡县遵循"政府推动、企业主导、村民参与"的原则，以沼气设施为纽带，在规模养殖企业和周边农户之间，构建半封闭式循环型生态养殖园区。在园区内，凭借良好的技术支撑，以大力发展农产品安全认证与深加工为途径，通过投入简单的生产资料，如种子、饲料、畜禽幼仔、少量化肥与农药等，生产出优质环保、附加值高的农牧产品，同时得到洁净能源（沼气）和优质肥料（沼肥）。这样既能延伸产业链条，推动农业产业化进程，使企业和农户的经济效益有效提高，又能大幅度降低企业能源投入，分担村民的生活燃料与肥料支出，还能消除企业的排污压力，实现清洁生产，真正把企业和农户的利益紧密连接起来，实现整个养殖园区废物资源化和资源的半闭合式循环，最终实现废弃物的最小排放和整个园区的生态平衡。

河南省内乡县规模养殖产业循环经济模式（图7-3）包括六个环节：一是无公害规模化畜禽养殖业；二是专用饲料加工产业；三是种植业；四是畜禽屠宰及深加工产业；五是废弃物无害化综合治理；六是有机肥生产加工产业。六个环节产业之间形成一个循环发展的闭式循环链，使废物变废为宝，保证了经济的循环发展，增加了产出效益，是一种多方共赢的循环经济发展模式。该模式立足现有产业基础，通过续链补链，形成物质高效生产和多次利用的循环系统。以养殖为龙头、以粪污综合处理为重点、以发展种植业为中心，延长畜牧业产业链条，实现种植业与养殖业的和谐发展。在实施清洁生产的基础上，结合其他产业建设，降低主要产品的能耗、物耗，并实现排污总量控制目标，达到国内先进水平。

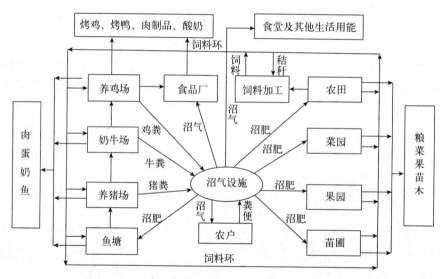

图7-3 河南省内乡县规模养殖产业循环经济模式图

该模式遵循的是一种"资源—产品—消费—再生资源"的闭环式物质流动，根本目标是促进生态系统与经济发展的良性循环，是一种全新的高效生态经济模式，是有效平衡经济增长、社会发展和环境保护三者关系的发展模式，是实现可持续发展的最佳途径。在发展过程中不断向产业链的上下游延伸，形成一条"种植业—饲料加工—养殖业—畜禽屠宰及深加工—废弃物无害化综合治理（沼气工程）—有机肥生产—种植业"闭环式循环发展的产业链条，关联到农业、饲料加工业、畜牧业、环保、有机肥生产、畜产品安全等方面，是一个有机整体，在农业循环经济发展中具有代表性作用，可为县域经济发展提供一定的参考依据。

（四）东部地区典型生态模式——江苏省姜堰市秸秆栽培食用菌产业循环经济模式

食用菌是一种高蛋白、低脂肪、富含氨基酸、维生素和矿物质以及各种多糖且热量低的高级食品，对提高人体免疫力、防癌抗癌、抗衰老等具明显的食疗作用。而且营养丰富、味道鲜美、老少皆宜，自古以来就被誉为"山珍"，是 21 世纪人类继植物性食物、动物性食物之后的第三大食物来源，完全符合联合国粮农组织倡导的 21 世纪天然、营养、健康的保健食品发展要求，因而倍受人们的青睐。加之食用菌又是一项充分利用农业资源促进农业增效、农民增收的致富项目。

食用菌生产具有"不与农争时，不与人争粮、不与粮争地、不与地争肥、占地少、用水少、投资小、见效快"等特点，能把大量废弃的农作物秸秆转化成为可供人类食用的优质蛋白与健康食品，其培养基废料（菌渣）又是良好的农业有机肥料，是延长农业产业链和促进农业生态环境优化的重要组成部分，并可安置大量农村剩余劳动力。因此，在发展都市农业、效益农业的今天，食用菌产业正越来越受到各级政府的重视和被广大群众所认识，成为近年来农民增收的一大新亮点。

充分利用农作物秸秆大力发展食用菌产业是促进农业经济、生态良性循环，建设资源节约型生态高效农业，实现农业可持续发展的重要选择，也是解决"三农"问题、增加农民收入、建设社会主义新农村、实现小康目标的重要渠道之一。

大粮食产业理论认为：粮食作物由果实和秸秆两部分组成，人类食用的果实，只是农作物重量的 20%，其余 80% 的秸秆都不能食用；而食用菌却能把这 80% 的废物，安全转化为具有高营养价值的有机食品。

江苏省姜堰市地处亚热带地区，气候温和，雨量充沛，宜农宜林，宜牧宜渔，不仅为多种食用菌提供了良好的栽培环境，而且为食用菌栽培提供了丰富的原材料资源。据统计，全市每年种植小麦、水稻、玉米、油菜、棉花、花生、大豆等农作物面积达 10 万公顷，每年能用于栽培食用菌的农作物秸秆、棉籽壳、胡桑枝条等达 60 万吨，其中得到综合利用的仅在 50% 左右，其余的均被白白焚烧，造成了大气污染、土壤矿化、火灾事故等社会、经济和生态问题，引起了全社会的广泛关注。而利用作物秸秆栽培食用菌，可彻底改变资源浪费型传统农业，实现"点草成金、化害为利、变废为宝、无废生产"，为农作物秸秆的综合开发利用开辟了一条最为有效、持久的捷径。

姜堰市传统栽培食用菌的原料多为木屑和棉籽壳，但由于资源有限和成本较高而制约了发展，而通过开发利用农作物秸秆栽培食用菌，其栽培原料将源源不断、取之不尽。同时，生产鲜菇后的菌渣可作为有机肥还田，同时也是一种富含营养的菌体蛋白饲料。这项技术的推广应用，既可大量转化利用农作物秸秆，减少焚烧等造成的环境污染，又可丰富人们的食物结构，增加农民收益，使农业资源多级增值。

利用产菇后的菌渣适当添加尿素、麸糠等经低温发酵，还可直接获得粗蛋白含量在18%～20%的无污染的高蛋白饲料。菌渣饲料利用后再次进入新的生物循环，形成多梯级循环、多层次搭配、多效益统一和生物多次利用的物质和能量体系，有效地延长食物链和生态链，实现大农业的良性循环和可持续性协调发展。栽培食用菌属劳动密集型产业，姜堰市人多地少，劳动力资源丰富，因此生产的食用菌产品在国际市场上有很强的竞争力。另外国内的消费市场也十分广阔，据统计比较，我国人均食用菌的消费量仅占发达国家的十分之一，随着科学、经济的发展和人们生活水平的提高，食用菌的经济价值也越来越受到人们的重视，消费也将逐年加大。所以，农作物秸秆栽培食用菌不仅生态效益显著，而且也带来巨大的经济与社会效益（图7-4）。

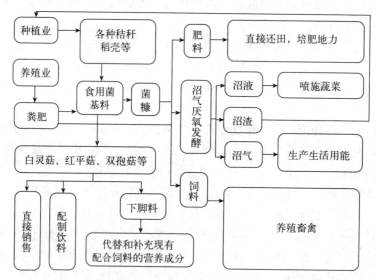

图7-4　江苏省姜堰市秸秆栽培食用菌产业循环经济模式图

姜堰市作为食用菌生产大市，不断研究开发出利用农作物秸秆栽培食用菌的品种和规模化、产业化新模式，从而使全市食用菌产业得到快速、持续、健康的发展，目前已发展成为姜堰市继种养业之后蓬勃兴起的第三大产业，产量、产值和效益等指标稳步增长。

1. 引进试验研究适宜栽培的食用菌品种及配套技术

（1）培育适宜当地栽培的优良品种　不断引进国内各类食用菌的优良品种

进行品种栽培对比试验，选择适合姜堰地区生态条件下的优良品种或菌株，培育出适合本地栽培的高产、优质、多抗的优良菌株，如白黑褐灰色平菇、高中低温型平菇和蘑菇、高温鸡腿菇、高温黑姬菇、台湾白金针菇、申香1号和2号香菇、上海秀珍菇、V22和V28草菇等。

（2）引进借鉴国内外先进的栽培技术　针对不同的食用菌品种在不同的生态条件下，其生物转化率不同，品质性状也不稳定的实际，根据姜堰市的生态环境，结合食用菌的生活习惯，设计不同的生态小气候，筛选出简单易行、又能优质、高产、高效的栽培方式。

（3）开展食用菌栽培配方的研究　由于不同食用菌品种对营养源的要求不同，以及各种农作秸秆营养成份也不同，针对全市稻麦玉米棉油等主要农作物秸秆和桑枝等资源进行科学配比、试验、示范，筛选以各种农作物秸秆为主原料、栽培各种食用菌品种的最佳配方，推荐给广大菇农，达到节本增产增效。

2. 推广食用菌与农作物间套种技术　食用菌适宜在阴暗、潮湿的条件下生产，可以与水稻、玉米等农作物或与林（果）进行套种，也可在蔬菜大棚内与蔬菜间作生产或在房前屋后的庭院内栽培，既不增加投入，又不减少其他作物产量的立体农业生产模式，使粮菌、林（果）菌、菜菌均获丰收。

（1）农田栽培食用菌　食用菌与大田农作物套种，形成了生物间互助互利的群体关系，即食用菌生长发育过程中分泌的代谢物质可增加土壤肥力，促进农作物生长，食用菌呼吸所释放的二氧化碳，正是农作物光合作用的原料，可促进农作物增产增收。农田栽培主要是将一些适应性强的食用菌品种如平菇等，套种于水稻、玉米等农作物或林（果）行间，随这些作物的生长季节而生产，不同的食用菌品种应用不同的间套种方式。如在春玉米的大行中挖深20厘米的浅床套栽中高温型平菇，一般667米^{2}产鲜菇900～1 000千克，同时玉米可增产10%以上。

（2）大棚蔬菜与食用菌轮作　姜堰市常年冬季的最低气温在－7℃左右，晚冬早春间连续低温阴雨寡照的天气经常发生，大棚内栽培蔬菜难度大、成本高，一般空闲2个多月，正好可以轮作喜低温的平菇，提高大棚的利用率。同时，大棚连续多年栽培蔬菜后，会使土壤有机质下降，土传病害发生严重，并由于覆盖农膜，雨水冲洗减少，下层无机盐上升，土壤盐碱化加重，严重影响蔬菜生长。食用菌与大棚蔬菜轮作后，可促使土壤盐分向下层移动，并由于保持了土壤潮湿，土壤的生态环境得到改变，使土传病菌基数下降。从而有效地解决了大棚等设施蔬菜栽培土壤环境恶化的问题，促进蔬菜生产的持续健康发展。

（3）庭院栽培食用菌　农村每户的房前屋后都有一定面积的庭院地，充分利用农作物秸秆和剩余劳动力栽培食用菌，一般冬季室内发菌，春夏秋季在庭院的花木果树中搭简易棚架栽培，实行花木果与菌复合经营；产菇后的菌渣再用于沼气池生产沼气或作为畜禽饲料，沼渣沼液或畜禽粪便再还田，达到综合循环利用。

3. 食用菌周年栽培和产业化开发 根据不同环境条件、品种特征、管理技术水平和市场需求，应用各类食用菌品种已成熟的栽培技术，选用适宜的高中低温型的菇类，合理搭配，人为的调控环境小气候进行食用菌多品种、高密度的周年栽培，并逐步实行龙头企业加农户产业化开发，实现规模经营、周年供应鲜菇。

（1）简易菇房和大棚内周年栽培 利用简易菇房和大棚周年栽培食用菌的模式及配套技术在姜堰市已得到推广应用。因其菇房和大棚内与室外比较，温度相对平稳，昼夜温差小，空气相对湿度高，便于调控和消毒处理，保证了食用菌生长发育的基本条件。再根据不同季节和生产条件，选用不同温型的食用菌品种，进行各种食用菌栽培，做到周期长短结合、温型高中低配套，加上夏季覆盖遮阳网、水空调降温和冬季加增温等设施实现食用菌周年栽培，周年供应，满足人们一年四季食用新鲜菇类的需求，提高市场竞争力和生产、消费量。

（2）工厂化周年栽培 工厂化栽培食用菌主要是通过高科技投入模拟各食用菌品种的最佳生态环境而实现周年栽培与供应，通过几年的摸索研究，姜堰市已在双孢蘑菇、金针菇、平菇、草菇等对光照要求不严的品种上栽培成功，目前正在引进西班牙智能温室，利用北京华世菇业集团的专利技术进行香菇的周年化栽培与供应。食用菌工厂化周年栽培与供应是实现食用菌产业化、标准化和国际化的发展方向，姜堰市已计划加大资金的投入，增加工厂化周年栽培多种食用菌的能力，以满足国内外市场的需求。

（3）龙头企业加农户产业化开发 随着农作物秸秆栽培食用菌产业的发展，已涌现出一批食用菌产加销的龙头企业，这些企业采用基地加农户的形式，即企业建立基地实行机械化生产，负责秸秆的加工、配料、拌料和培养基的生产，以及培养基的装袋、灭菌和食用菌的接种，然后将菌袋发放或出售给农户，农户负责发菌、出菇管理，收获的菇产品再交送给企业，企业收回产品后，负责加工、储藏和销售。这种现代产业化规模生产的新模式，企业充分发挥了设备和专业技术的优势，不同季节生产不同品种，一年四季不间断的生产，生产效率和效益大幅度提高，农民则充分利用了空闲场地和人力，不需设备和收集信息、销售产品的人力、物力投入，企业和农户实现了互惠互利。

4. 菌渣的综合利用 食用菌利用农作物秸秆为原料进行栽培，生产过程中会产生杂菌污染废弃物，生产结束后又剩下大量栽培废料——菌渣。这些废料如果不及时处理，会成为污染源，造成生产环境恶性循环，导致食用菌制种和栽培失败概率增加。特别是规模化生产，不可能采用焚烧和搬离场所等消极处理方法。要使食用菌生产走上生态高效经济循环发展道路，必须开发食用菌菌渣的综合利用，在此基础上形成食用菌—营养食品—大众健康的产业链和农作物秸秆—菌渣饲料—饲养业—有机肥料的农业生态循环链，实现变害为利，变废为宝，节本增益，促进农作物秸秆栽培食用菌产业良性循环和健康持续的发展。

（1）菌渣生物饲料的开发利用　栽培食用菌的主要基质棉籽壳、稻麦棉油秸秆、胡桑枝、玉米芯等，含有纤维素、半纤维素和木质素等多糖，在栽培过程中被食用菌分泌的各种酶降解，菌渣中含有丰富的各种易吸收的有机物和矿物质，再经过生物发酵，粗蛋白、粗脂肪含量均比原来的基质高两倍以上，可以做成饲料、饵料或其添加剂，用于猪、牛、羊、鸡、鸭、兔、鱼等动物饲料，替代部分粮食，降低饲养成本。

（2）菌渣循环利用　利用自然界中无害微生物，对食用菌栽培中的污染物进行堆制和沤制处理，使物料熟化，富集营养，成为食用菌循环利用的优质基料。即食用菌种植后的菌渣废料，可直接用作另一种食用菌栽培的部分原料，前茬菇的菌丝生长分泌各种酶，对基质起熟化作用，为后茬菇提供速效营养物质。

（3）菌渣生产绿色肥料　食用菌栽培废弃物加入无害化的添加剂，生产绿色有机肥料，用绿色肥料给农作物、果林树木施肥，可显著增加土壤有机质，改善土壤物理性状，提高农作物、果林树木的产量和品质，周而复始，转化为循环经济。

（4）菌渣基质栽培　随着设施栽培面积的不断扩大，由于大棚内连年种植蔬菜，连作障碍（如病虫害严重、土壤次生盐渍化等）的问题越来越严重，传统的无土栽培由于使用化学营养液或蛭石等基质，存在着栽培成本高，操作难度大，不易推广等缺点。利用丰富的菌渣作为无土栽培基质生产蔬菜，既可显著降低成本，简化操作规程，又便于推广，使蔬菜产量显著提高，达到优质、安全、无公害。

参 考 文 献

萨缪尔森，诺德豪斯. 2003. 经济学 [M]. 萧琛主，译. 北京：人民邮电出版社：29，129.

陈仲华. 2000. 现代化温棚太阳能增温试验 [J]. 太阳能 (1)：12.

范梅华，顾荣. 2013. 家庭农场的中国实践与思考 [C]. 第十六次全国家禽学术讨论会论文集：406 - 409.

方华香. 2010. 蔬菜施用沼肥的技术和经济效益 [J]. 南方农业，5 (4)：63 - 64.

方言. 2002. 农业产业化发展中的地方政府职能 [J]. 农业经济问题 (12)：56 - 59.

付秀平，许海玲，吕爱梅. 2002. 生态园区能源利用研究 [C]. 中国环境科学学会 2002 年学术年会：429 - 431.

高鹏，简红忠，魏样，等. 2012. 水肥一体化技术的应用现状与发展前景 [J]. 现代农业科技 (8)：250 - 250，257.

顾晓峰. 2010. 小型种养结合生态家庭农场模式的探索与研究 [D]. 上海：上海交通大学.

郭亚萍，罗勇. 2009. 生态农业模式与节能型家庭农场的构建 [J]. 重庆社会科学 (9)：117 - 120.

何东. 2006. 循环经济是高级形态的区域经济 [J]. 求索 (9)：28 - 30，13.

何革华，申茂向. 2000. 荷兰设施农业对我国的启示 [J]. 林业科技管理 (3)：54 - 58.

侯婷，翟印礼，肖雪. 2001. 发展庭院生态农业与新农村建设 [J]. 农场经济管理 (7)：31 - 32.

胡启春，夏邦寿. 2006. 亚洲农村户用沼气技术推广研究 [J]. 中国沼气，24 (4)：32 - 35.

亢银霞，宋柱亭，郭俊先，等. 2013. 农作物秸秆综合利用技术研究综述 [J]. 新疆农机化 (2)：17 - 19.

李宝玉，毕于运，高春雨，等. 2010. 我国农业大中型沼气工程发展现状、存在问题与对策措施. [J] 中国农业资源与区划，31 (2)：57 - 61.

李荣生. 2006. 中国必须发展农业循环经济 [J]. 中国农村科技，(5)：1.

李周. 2004. 生态农业的经济学基础 [J]. 云南大学学报 (社会科学版)，3 (2)：44 - 54.

廖新俤. 2013. 德国养殖废弃物处理技术及启示 [J]. 中国家禽，35 (3)：2 - 5.

吕卫光，赵京音. 2003. ISO 14001 在大型温室生产中的应用 [J]. 上海农业学报，19 (3)：53 - 55.

罗勇. 2005. 区域经济可持续发展 [M]. 北京：化学工业出版社：132 - 145.

马传栋. 2002. 可持续发展经济学 [M]. 济南：山东人民出版社：56 - 73.

申秀清，修长柏. 2012. 借鉴国外经验发展我国农业科技园区 [J]. 现代经济探讨 (11)：78 - 81.

石声萍. 2004. 农业外部性问题思考 [J]. 宏观经济研究 (1)：41 - 46.

寿亦丰. 2010. 美国沼气产业发展现状与趋势 [J]. 农业工程技术：新能源产业，1 (1)：

22－24.

苏强.2010.对高效益生态农场建设的初探［J］.吉林农业 C 版，（12）：286.

涂国平，贾仁安，朱军平.2004.井冈山农业科技园系统反馈结构分析［J］.农业技术经济（3）：35－38.

王秀珍，王国勇.2012.畜禽粪污可实现资源化利用［J］.**农业工程技术：新能源产业，**（10）：36－38.

王忠会.2013.介绍一种生态农业循环模式——西安天菊种、养、沼高效生态农业循环模式简介［J］.农民致富之友（12）：218.

沃尔夫冈·腾茨切尔博士，克罗迪亚斯·达·科斯达·戈麦斯，厄克哈德·施内德尔.2000.德国沼气发展及未来前景［C］.北京：2000 年国际沼气技术与持续发展研讨会：11－15.

吴凤来，倪维兰，张静，等.2012.大力推广"水肥一体化"技术建设现代节水高效农业［J］.科技致富向导（6）：315.

吴华.1999.论农业市场信息服务［J］.经济体制改革（2）：16－17.

许晓春.2007.日本滋贺县爱东町农业循环经济考察研究［J］.经济问题（3）：80－82.

颜丽，邓良伟，任颜笑.2007.中、德农业沼气工程的发展［C］.2007 中国生物质能科学技术论坛：25－30.

颜丽，邓良伟，任颜笑.2010.聚焦中德沼气产业发展**现状**［J］.**农业工程技术：新能源产业**，4（4）：39－43.

杨其长.2006.荷兰温室结构型式及其发展［J］.**农业工程技术：温室园艺**（11）：9－10.

曾贤刚.2003.环境影响经济评价［M］.北京：化学工业出版社：43－66.

詹慧龙，严昌宇，杨照.2010.中国农业生物质能产业发展研究［J］.中国农学通报，26（23）：397－402.

赵丽霞，唐丽霞.2013.德国生物能源发展状况［J］.广东农业科学，40（2）：229－232.

赵伟.2009.国内外秸秆发电应用现状［C］.江苏省电机工程学会 2009 年新能源与可再生能源发电学术研讨会：212－215.

周曼，邹志勇，杨萍，等.2012.沼气利用模式现状及发展新方向［J］.宁夏农林科技，53（08）：136－138.

周志仪，江婉平.2007.小城镇农业产业园区的生态功能研究［J］.安徽农业科学，35（16）：4816－4817.

朱珍华.2005.北京蟹岛生态度假村生态模式及效益分析［J］.农业环境与发展，22（4）：1-2.

图书在版编目（CIP）数据

中国农村能源生态建设实践与探索／王久臣，方放，
王飞主编 . —北京：中国农业出版社，2015.12
ISBN 978-7-109-18728-3

Ⅰ . ①中… Ⅱ . ①王… ②方… ③王… Ⅲ . ①农村能
源-生态农业建设-研究-中国 Ⅳ . ①S21

中国版本图书馆 CIP 数据核字（2013）第 303594 号

中国农业出版社出版
（北京市朝阳区麦子店街 18 号楼）
（邮政编码 100125）
责任编辑 王森鹤
北京万友印刷有限公司印刷 新华书店北京发行所发行
2015 年 12 月第 1 版 2015 年 12 月北京第 1 次印刷

开本：700mm×1000mm 1/16 印张：12
字数：210 千字
定价：60.00 元
（凡本版图书出现印刷、装订错误，请向出版社发行部调换）